数统治着宇宙。

潜心学到的智慧将永存心中。

——毕达哥拉斯（Pythagoras），古希腊数学家

致力于中国人的心灵成长与文化重建

立 品 图 书 · 自觉 · 觉他
www.tobebooks.net
出 品

作者序

有一天，一位主命数字是9的女士来找我咨询。最近她喜欢上了一个帅哥，这个帅哥的主命数字也是9，于是她想知道他们是否合适，当然她自己非常确信这一点。这个问题对我来说非常突然，因为我的专长是解读塔罗牌，尤其是运用天使神谕卡给客户做咨询。除此之外，我对水晶、色彩疗法，以及使用自我肯定疗法来改善人们的生活也颇有研究。

虽然在塔罗中会不时见到数字的身影，我并没有对数字进行过深入研究。当然，我在研究塔罗的岁月中，常常会发现某些数字的组合有其特定的含义，它们或者揭示了某些秘密，或者对于提问者的问题给出了提示和答案。只是我从没有想过数字本身也有自己的流派和方法论。

记得当时我回答那位女士说：既然他们的主命数字都是9，那么他们一定有互相般配的地方，因此这段关系还是有发展的可能性。当时的我并没有意识到，正是由于这件事促成了以后我对生命灵数深入的研究。

当时是2004年，在好奇心的驱使下，我将自己的研究重心转移到神秘的生命灵数系统上。六年后，我认识到这一切事情的发生并非偶然。万事万物皆有因缘，宇宙大概是想开阔我的眼界，拓展我的思维，敞开我的心灵，所以才赠与我生命灵数学这一古老而又神奇的工具。它的历史源远流长，由先贤所创，历经世代传承而不朽。在过去的六年中，我遍寻可以找到的有关生命灵数学的所有资料，如饥似渴地开始研读；同时，我也开始在实际生活中加以应用，看其是否灵验。研习生命灵数学的心理历程与我之前研究塔罗的心理历程几乎一模一样：我刚开始学塔罗的时候，只是想弄清楚塔罗的 78 张牌背后到底隐藏着什么玄妙，蕴含着何种神秘科学。随着研究的深入，我发现一个有趣的现象：生命灵数学与塔罗就像表兄弟的关系，它们互相联系，彼此呼应。

拿数字 78 来举例，让我们做一个从 1 到 12 的简单加法：1+2+3+4+5+6+7+8+9+10+11+12，这个算式的和就是 78。

12 是所谓的显灵数。中国的《易经》讲阴阳变化，阴和阳分别用数字 2 和 1 来表示。阴（偶数）代表了女性的力量，与数字 2 相关；而阳（奇数）代表了男性的力量，与数字 1 相关。如果将数字 1 和 2 相加，它们的和就是数字 3。这就如同父母阴阳和合所创造的第三个人，也就是孩子。

多年来，通过个案研究、学习实验，甚至到国外参加相关课程，我相信生命灵数（也就是对于数字的研究）的确可以影响我们的日常生活和生命质量。我也相信，深入地研究这套系统并且在日常的咨询工作中加以运用，可以更好地指导我的客户，让他们从中受益良多。

我在咨询工作之余，也做一些工作坊，或者开小班授课。这方面的工作从2002年开始一直持续到现在。跟随我学习的学生们都从生命灵数学这个领域中获益良多，这让我感到一种深深的满足和成就感。在这个过程中，不断有人问我什么时候可以就生命灵数学这个课题写一本书。在我的咨询和教学生涯中，见过和研究过的个案不计其数，我意识到如果基于我的这些个人经历来写一本书的话确实是一件值得尝试的事情，于是多年以来积累的这些经验也顺理成章地成了这本书的一部分，而我也从来没有后悔过这么做。

我的人生目标之一和激情所在就是和更多的人分享生命灵数学这一古老而神奇的工具。作为一系列图书的先导，我诚挚地希望这本书的出版能够让更多的人认识和了解到这门学科，并且从中受益。

陈红旭

译者序

十分荣幸受立品和陈红旭老师的委托，翻译关于这本生命数字的书。和立品的缘分是从图书开始的。当时朋友推荐给我《新世界：灵性的觉醒》，这本书就像夏日的一阵凉风，让我喧嚣的心立刻安静了下来。后来在立品的力邀下，陈红旭老师从新加坡远道而来，我又有幸跟陈老师学习塔罗牌和生命数字。应该说，立品和陈老师是我研习西方神秘学的启蒙。

陈老师学识广博，精通塔罗牌、生命数字、水晶和色彩疗法等神秘学门类。她的上课方式和写作方式一样，除了十分注重学问的系统性和基础的扎实以外，还非常重视案例的分享以及学员之间的交流。我们的课堂充满了欢笑，不管来自何种背景，每个人都收获了很多。

生命数字让我对身边的人有了更好的认识，也对每个人的行为方式有了更好的解读。比如主命数字为 1、5、7 的人比较谈得来，而我身边的朋友许多都有这三个数字。更有趣的是，我的两位致力于救助流浪猫的朋友夫妇，主命数都是 9。我们知道，9 是最具有慈悲心和同情心的数字。他们的家里养了六只流浪猫，而他们救助的流浪猫更是不计其数。

生命数字还让我深刻理解了自己所面临的流年和人生阶段。流年的 7、8、9 三年通常不好度过，我这三年经历了深刻的人生转折。人生四大阶段，每个阶段都有一个代表数字，而每个人的数字各不相同。我又一次体会到自己只不过是这浩瀚宇宙中的一粒微尘，然而这微尘却有自己必须要完成的轨迹，它渺小，却又独一无二。

生命数字还可以与塔罗牌结合在一起。数字 6 代表家庭、和谐、对立面的互容。而数字 4 通常代表组织化、系统化。但是过多的 4 也代表缺乏变动和僵硬。我还记得一个朋友的塔罗牌阵中几乎出现了所有的 4。凯尔特十字牌阵的中心，被四张 4 包围。分别是 4 号圣杯、4 号钱币、4 号权杖以及 4 号宝剑。他的家教非常传统和严格，父亲决定了他的职业，也对他未来妻子的标准做出了严格的限定。他感到非常压抑，然而又觉得十分安全。而他必须要面对的问题就是确定自己的价值观究竟是什么。是遵从父亲的权威，选择这个安全但缺乏个人意志和变动的生活模式，还是冒着未知的风险，选择自己喜欢的女孩，突破习惯性的生活模式，建立自己心中的家庭？两者是否可以兼顾？这个难题经由数字 6 所代表的恋人牌明确地摆在了他的面前。而这张牌意所代表的是无论做出什么样的选择，都要付出代价。想一想每个人的人生，多少都要面临几次这样艰难的选择，当鱼与熊掌不可兼得的时候，那个最后我们所选择的，往往反应了我们灵魂深处最深切的渴望，也明确宣告了“我”是怎样一个人。

承蒙立品和陈老师厚爱，我不揣浅薄，翻译这本书，学而时习，温故而知新。数字律动美妙而真实，愿大家都可以结识这个新朋友，并从中得到快乐。

栗幼婷

2011 年 6 月 13 日

目录

第一章

生命灵数学的历史

哪里有数，哪里就有美。

——普罗克洛斯（Proclus），古希腊数学家

生命灵数学的历史迷失在时间的尘雾之中，关于它的确凿起源我们只能找到一些零星的线索。根据历史文献的记载，生活在古老的埃及以及中东地区，特别是巴比伦地区的人们是生命灵数学最早的推崇者。在当时的巴比伦地区，希伯来人和迦勒底人混居，前者对后者生命灵数学的发展产生了重要影响。而考古资料也证实，早在数千年前，中国、罗马、日本、印度以及希腊地区的人们就已经开始应用生命灵数了。不过说到现代意义上生命灵数学的真正开创，就要追溯到希腊哲学家毕达哥拉斯了。

毕达哥拉斯于公元前590年左右出生于希腊。他是当时以及现在世界上最著名的哲学家之一。他在几何学上的贡献卓著，几乎所有数学专业的学生都知晓他的名字。虽然他在数学的发展史上占有重要的一席之地，却很少有人知道他在另一领域的贡献：研究人员将他视为生命灵数学的鼻祖。在毕达哥拉斯之前，对于生命灵数学的起源产生重大影响的则要首推希伯来的卡巴拉系统了。

毕达哥拉斯的人生轨迹究竟如何，历史文献中仅有只鳞片爪的记录。从这些少得可怜的文献记载中，我们了解到他个性迷人，充满号召力，是一名受人爱戴的老师。据说他还曾经获得过奥林匹克的奖牌。

毕达哥拉斯大约 50 岁的时候，在意大利的克罗托纳创建了一所秘密学院。该学院名为“半圆”，教授数学、占星术和音乐。招收的学生没有性别限制，男女均可在其中学习。据传所有毕氏的学生都必须严格遵守该学院的保密规定，学院的任何教学都不允许以书面的形式记载下来。而且所有的学生必须誓守 5 年的静默期，以此来激发深层的冥想和宗教信念。直到毕达哥拉斯去世之后，学院中的一些秘密教学才被记录下来。

毕达哥拉斯感兴趣的不仅仅是数学难题的解决，相较于前者，他更着迷于数学背后的概念和规律。他的这一观点与现代数学理论形成了鲜明的对照。他认为宇宙中的一切事物包括命运都可以用数字来解释。根据这一理论，他创建了一套生命灵数学的系统，这套系统后来又被希腊的其他哲人发扬光大。尽管毕氏并非生命灵数学的唯一创建者，但因他对数字的研究开创了神秘学上一个新的系统和学派，所以他被后人尊称为生命灵数学的鼻祖。

穿越历史的尘雾来到今天，朱莉娅·斯坦顿博士（Dr. Julia Stenton）因致力于提升生命灵数学在世界范围内的影响力而广为人知，也正是她将“姓名与数字的科学”这一旧时的称呼改为“生命灵数学”。

在神秘学的众多领域中，生命灵数学可能是最不为人所知的一门学问了，然而有趣的是每隔一段时间，它总是会重新返回公众的视线。如今生命灵数学的应用集中在探索内在的秘密含义以及预测未来上。

时间转回到20世纪，因作者L 道 巴利埃特（L. Dow Balliett）于1911年-1917年间出版的一系列书籍，这门古老的学科又再次出现在世人面前。20 世纪 30 年代，弗洛伦斯 坎贝尔（Florence Campbell）也对生命灵数学进行了一系列推广。到了 21 世纪，大众通过一系列出版物对这门学科有了广泛的认识。一项调查显示，过去 90 年间这一学科发展迅猛。其实生命灵数学在历史上是一门众所周知的学科，只是到了近代反而不被大众所知罢了。

所谓生命灵数学，是对数字的神秘本质所进行的研究，它通过揭示不同数字所蕴含的不同含义，来展现每个人独特的天分、能力和个性，它的目的在于厘清宇宙和人的关系，帮助我们认识自身在宇宙中的位置。

字母表中的每一个字母都有其相对应的数字，每个数字都与宇宙的能量振动有紧密联系。

生命灵数学研究我们的生日和姓名，将生日和姓名中蕴含的数字联系起来，我们就可以得到一张能量共振和含义关联的图表。通过研究这张图表，我们可以了解自己的性格、生活的目的、内心的动力以及隐藏的天分。专业的生命灵数学者可以根据这些数字来决定采取行动和做出变化的最佳时机，生命灵数学可以帮助我们做出更好的决策。

这本书的目的不是要让每个人成为灵数学方面的专家，读这本书也不代表能够解答所有的问题。它是一本入门级的初级读物，作用在于为大家打开一扇窗口，激发大家对于这门学科的兴趣，也希望大家能够运用其中的知识为自己的日常生活提供指导。

记得我刚开始接触生命灵数学的时候，头脑中浮现的第一个问题是：它为什么管用？第二个问题是：我应该如何运用它？这也是我们下面的章节要讨论的问题。

第二章 数字如何影响我们的日常生活

在奥林匹斯山上统治着的上帝，乃是永恒的数。

——雅可比（C. G. J. Jacobi），德国数学家

我们在研究这个课题的时候，首先要打开自己的心扉，摒弃以前的偏见，准备踏上一次和以前的经验完全不同的全新之旅。唯有如此，才能获益良多。

古老的工具，简便的算法

首先，这套系统非常简单，十分直观。它适合自学，应用范围十分广泛，能够对任何话题和事件进行研究。只需要懂得简单的加减法算出相应的数字即可。一个普通人完全可以做到。所以生命灵数并不是只有数学家和科学家才能够研究的话题。

举个例子：

让我们分析一下世界上最流行的一个单词：LOVE（爱）。如果我们想找到和这个单词相关的数字，并且想进一步探究其中的含义的话，首先要将这个单词中的每个字母转换成相应的数字。（转换方法请参见第九章）

经过转换，我们得到了 3+6+4+5=18。我们再将 18 的十位数字和个位数字相加，和是一个个位数，即 1+8=9。因此“LOVE”（爱）的相关数字就是 9。

真是再合适不过了！因为数字 9 的含义就是爱、人道主义、同情心和智慧。

你看，就是这么简单！

在这本书里，我会循序渐进地讲解更多关于生命灵数学的知识，其构思就是要让一个从来没有接触过生命灵数的人看过这本书以后能够在这一领域打下一个坚实的基础。

通过数字认识你自己

我们每个人一生中的重大课题之一就是认识自我。一开始学习生命灵数的时候，会觉得很容易上手，不过随着学习和研究的深入，这个课题就会变得越来越复杂。这个由浅入深的道理适用于人类和宇宙万物。乍一看地球上的每一个人似乎都差不多，但是通过了解每个人的家庭、兄妹、亲戚、孩子、朋友、同事等，我们会逐渐发现每个人都有自己的独特之处，他们的个性、信仰、行为模式、喜好、优缺点等各不相同。即使是双胞胎，长大之后的差别也很大，这是因为双胞胎的出生时间还是有一定的间隔，而且他们的名字也差别很大，这就导致了两个人能量振动的频率有相当大的差异。(关于双胞胎的区别还可以从双方的星盘上找出更详细的解释)。

生命灵数的优点之一，就是透过它我们可以迅速了解自己的个性、天赋、弱点、能力、挑战、人生使命和社会角色。我的客户经常会说：“如果我早知道这些，或者早点和你见面的话，就不会白白浪费这么多时间瞎碰，结果还是不知道自己到底适合什么样的工作。”还有些客户希望运用生命灵数在生活中做出适当的选择。比如在大学读什么专业，或者要不要移民等。有些客户一边和我交谈，一边悔不当初，说：“要是早知道和自己相关的这些数字以及其中所蕴含的信息，就不会看走眼，在感情上栽这么大一个跟头了。”

以上这些经验让我意识到生命灵数是一个重要的工具，它可以指引我们更好地认识自己。只有了解自己到底是一个什么样的人，我们才能够做出明智的选择；只有洞悉了自我的本质，我们才能够善待他人，对这个世界和自己的生命充满了感恩。

选择工作还是选择激情

这个问题很有意义。我们是不是能够透过自己的生命灵数选择适合自己的职业呢？当面临选择的时候，到底应该做出什么样的抉择呢？在规划职业的时候，到底是稳定重要还是激情重要呢？我的答案是：为什么不鱼与熊掌兼得呢？我们每天都在和数字打交道：约会的日期、工资的数目，等等。很多人的工作更是离不开数字，比如会计、数据分析员、银行家、证券从业人员、商人、记账员等。其实数字可不仅仅只是枯燥的数学算式而已，我们可以通过数字了解自己到底适合什么样的工作。常常有人抱怨不喜欢自己的工作：一上班就打盹，得过且过，完全没有成就感；有些人工作了很多年，已经对自己的岗位完全丧失了兴趣；还有些人根本不知道自己想要什么，频频跳槽。

通过自己的名字和出生日期，我们能够发现自己的兴趣点在哪里，到底适

合什么行业，现在的工作和自身的匹配度有多高，等等。说不定你会发现原来自己真正想要的是一份能经常出差的工作呢。

举个例子：

我的一位客户是注册会计师。他的生日是5号，所有的出生日期加起来的数字是3。他在现在的公司老是觉得烦躁不安，虽然别人看起来是一份很不错的工作，但是他自己却一点都不开心。这到底是为什么呢？首先，从数字5来看，他需要的工作必须有足够的挑战性、新鲜感和刺激性，必须能够激励他，给他提供一个广阔发展的空间。其次，从数字3看，适合他的工作必须包含社交、沟通以及和各行各业的人打交道。他也提到自己感到最快乐的时候就是和客户见面，然后用自己的专业知识给对方建议。

当然，我没有建议他马上辞职，否则的话就过于冲动和突然了。相反，我建议和鼓励他和自己的老板恳谈一番，要求转岗。如果不干注册会计师的话，他也愿意转岗去做一个审计师（审计师经常出差）或者成为一个财务咨询师。这样一来他就有更多机会可以和人进行交流。后来我听说他转岗成功，现在在管理一个团队。他现在的状况非常适合数字3的特质。

通过数字，我们可以选择在最佳的时机转岗或者跳槽；此外，我们也可以发现自己到底有没有创业的潜质。

如何管理自己的情感和人际关系

生命灵数可以帮助我们管理自己的人际关系。透过它，我们不仅可以更好地了解身边的人，在遇到问题的时候也懂得如何应对。了解生命灵数，可以帮

助我们更好地同周围的人进行沟通：无论是父母叔伯、子侄兄弟，还是朋友同事、合伙人或者上司，我们都可以分析与他们相关的数字，知道如何和他们打交道。了解生命灵数，还可以帮助我们更好地管理自己的感情：无论是男女朋友还是亲密伴侣，我们都可以透过彼此的数字更深入地了解对方。

使用生命灵数，我们就不会选错合作伙伴，同时也能够最大化地降低与别人的摩擦，知道如何应对别人的情绪；使用生命灵数，我们还可以预测自己关心的人什么时候会遇到困难，什么时候应该给予他们鼓励和支持。一句话，生命灵数能够让我们更好地了解他人，从而更好地与他人交往。知晓了数字的秘密含义，我们会洞悉人性、在自己周围创造一个和谐的氛围，最终走向成功。

举个例子：

我曾经给一位女性客户做过婚姻咨询。当时她已经结婚很多年了，之前和自己先生的感情一直很好，但是鬼使神差，他们两个人最近开始天天吵架，感情极度恶化。她一头雾水，根本不知道出了什么问题。婚姻上的问题不仅影响了她的工作，还影响到了他们的孩子。

通过计算他们夫妇俩的流年，我发现她的丈夫当时正在流年 7，而她本身处在流年 2。流年 7 会让人的内心产生大量的矛盾和冲突。当事人会感到不安、困惑，而且想推开所有人，自己一个人静一静。她的丈夫显然不知道自己的这种情况，而且他还拒绝和妻子沟通。这位女士身处流年 2，也就是说她会变得非常敏感、忧郁不安，而且容易瞎想，健康方面也会没来由地生病。妻子想接近丈夫，但是丈夫一点都不合作，反过来他还会觉得妻子孩子气、不讲理，一点都不理解自己。

通过讨论他们各自的数字以及流年，她恍然大悟，明白了为什么自己的丈夫变得和以前不一样了；同时她也清楚地了解到自身的行为是如何影响了他们之间的关系。

那天的谈话结束之后，她整个人神清气爽地走出了我的办公室。上回我还碰到他们夫妇俩，两个人的感情好得不得了。

如何指导自己的孩子

无论家里有几个小孩，父母都可以运用生命灵数这一相当快速和便捷的工具，了解每个孩子的不同情况。通过挖掘孩子的数字，他们就能够理解为什么一种教育方法对某个孩子有用，对另一个却完全不起作用。透过生命灵数，父母能够更清楚地了解自家孩子的天赋、性格、能力、使命等，从而因材施教，对症下药，选择适合孩子的科目和教育方法。这样一来，才更有利于父母和孩子之间的感情发展。

举个例子：

很多客户是因为不知道怎么和自己的小孩相处才来找我咨询的。有的人说根本没法和自己的小孩沟通，有的人说自己的小孩一点都不爱学习，非常懒惰。这些父母无一例外地都在教育孩子的问题上无从下手。

有一天一对夫妻来找我，说自己的女儿非常叛逆，一点都不听父母的话。他们两个完全不知道应该怎么管教自己的女儿，试过了所有的方法都不管用。稍加计算我们发现，这个小女孩的成长/态度数字是7，而她出生日期加起来的总数为1。我向他们解释，如果孩子的成长/态度数为7，意味着这个孩子比较成熟，习惯独自行动，非常重视自己的空间和隐私。

她一般都会待在自己的世界，希望受到别人的尊重。而数字 1 则表示她希望别人尊重自己、重视自己，认识到她的独特性；这个数字也表示她很有主见，希望父母能够听一听她的想法；最后，数字 1 还表示她有做发明家、设计师或者是作家的天分。她的父母告诉我她有自己的博客，而且非常喜欢写作！

我建议父母给她报一个写作班。或者如果她爱好设计的话，发展一下孩子这方面的潜能。我还建议他们多和孩子沟通，多谈论谈论孩子喜欢的话题。我还提到这个孩子的自尊心很强，不喜欢别人对自己发号施令。我和孩子的父母讨论了沟通的技巧，以及如何把孩子当成大人来对待。虽然长期积累的问题不可能一朝一夕解决，但是通过耐心和不断地练习，这个孩子的态度和行为应该会开始慢慢变化。那次之后我没有再见过这对夫妇，但后来一个朋友告诉我现在他们一家都还不错。

如何做出更健康的选择

生命灵数可以在健康方面给予我们帮助吗？当然可以！生命灵数可不是一个古老过时的系统；很多著名的灵数学家经过多年的研究和实验，发现它符合统计学的规律。我们可以通过这些数字来了解和改善自己的健康状况。

通过我个人的观察和研究，我发现不同数字能够显示不同的健康状况。如果一个人经常生气，医生们会说这个人易患高血压，而从生命灵数的角度来说，他这方面的数字一定比一个乐天派的人高。另外我们还发现拥有某些数字的人易和事故沾边，而另一些人则易患糖尿病或者癌症。

不同的数字也代表了不同的疾病，我也归纳总结了一些可供参考的治疗方案，这样每个人都可以针对自己的情况更好地管理自己的健康。当然，生病了大家还是要去医院看病，我的这些意见仅供参考。国外的人比较重视“身心灵”三者之间的平衡，我认为这个说法还是很有道理的，因为这三者互相依存、互为表里，随便哪个出了问题都会影响到一个人的健康和生活品质。

如何理财

生命灵数还可以指导大家如何理财，我们可以学到针对自己的最佳投资方式。比如我们是适合创业还是给人打工？其他的一些问题还包括：我能发大财吗，我应该注意什么样的投资陷阱，我应该什么时间拓展业务，什么时间规避风险？不一而足。

举个例子：

有一天一位女性客户来找我咨询健康。她 20 日出生，生日的所有数字加起来的总数是 2。如果同一个数字反复出现，那么该数字所代表的能量就会加强。

首先，我建议她对待自己的健康要耐心，要特别注意管理自己的情绪；其次，她的数字还显示她容易得妇科病，比如乳房和子宫出问题，出现囊肿和纤维瘤等。我建议她定期去做妇科检查，比如乳房造影和子宫抹片。事实上她曾经得过宫颈癌，还做过手术！虽然现在身体状况还不错，她还是担心会复发。

通过解释这些数字背后的含义和力量，她对自己有了更深入的了解，同时她也将自己的心情和想法调整到了更加积极和快乐的方面。通过这些预防措施以及定期检查，她应该可以生活得更健康。

我会成为一个有钱人吗

这个问题也很普遍。是否单从生日和姓名就可以判断自己将来是贫穷还是富有？自己有没有潜力成为下一个比尔·盖茨或者沃伦·巴菲特？百万富翁的生命灵数有何特别之处？我们应该如何运用数字进行资产增值和财务管理？

不同的数字代表了不同的投资机会。我们可以判断自己究竟适合创业还是替别人打工；此外，我们也能够透过数字了解自己的“流年”，抓住每一年的机遇和财运；而且，我们还可以借由数字规避风险，把握投资。

第三章
如何计算生命灵数

整数的简单构成，
若干世纪以来一直是使数学获得新生的源泉。

——伯克霍夫（G. D. Birkhoff），美国数学家

3

生命灵数学的不同流派

世界各国的不同文化培育了生命灵数学的不同流派。比如说，日本有一种古老的系统称之为“气”，它是基于生日中的数字所显现的模式来进行预测的；此外，我们之前也提过希伯来的卡巴拉系统；而非洲也有一种独特的占卜术用到了数字。不过如果提到生命灵数最为广泛的应用，那就是在西方比较流行的迦勒底系统以及毕达哥拉斯系统了。

为了让大家对这个问题有一个比较系统的了解，我在下面简单分析一下流传较广的五个生命灵数学流派，即卡巴拉灵数学、迦勒底灵数学、毕达哥拉斯灵数学、倒金字塔魔咒灵数学和新卡巴拉灵数学。

卡巴拉灵数学

卡巴拉灵数学起源于古老的希伯来地区，计算依据是现存最古老的字母表之一希伯来字母表。由于希伯来字母表仅含22个字母，因此卡巴拉系统中的数字组合也有限。这种古老的神秘学只用于计算姓名。

迦勒底灵数学

迦勒底灵数学，也被称为“神秘灵数学”。它无疑是灵数学中最古老的流派之一，起源可追溯到巴比伦。当时的巴比伦临近波斯湾，伫立在底格里斯河和幼发拉底河沿岸，是一个文化非常发达的地方。这个流派认为，每一个字母都有其不同的能量和代表自己的数字，但是数字并不是严格按照字母表的顺序一一对应的。与毕达哥拉斯流派的区别在于，迦勒底灵数学没有将数字9赋予任何一个单独的字母，它只可以作为最终计算结果的和而存在。之所以这么做，是因为迦勒底人将数字9视为一个非常神圣、不可侵犯的数字，他们认为数字9比其他的数字都重要。与卡巴拉灵数学不同，迦勒底流派既计算人的生日，又计算人的姓名。这里的姓名指的不是一个人出生时父母给的名字，而是平时惯用的姓名。迦勒底灵数学的拥趸认为这套系统的精确度高于毕氏系统，但是由于其自身的复杂性，不太容易上手，因此反而不太流行。

毕达哥拉斯或者西方灵数学

毕氏系统是迄今为止在西方应用最为广泛的灵数学系统。使用的时候，要先把数字1到9和现在通用的字母表一一对应，找出具体的数字，再根据计算结果给出具体的含义，使用起来相当便捷。在本书的前面我们提到过，希腊哲学家毕达哥拉斯是这个流派的创始人，因此以他的名字来命名。此外，毕氏系统与迦勒底系统一样都对姓名和生日进行分析，同时它还研究两者之间的特殊联系。它与迦勒底系统的主要不同在于，数字和字母之间的对应关系是完全按照字母表的自然顺序来分配的。而且，计算的时候要用到全部数字 1-9。不过这个流派认为，数字 11 和 22 是所谓的“卓越数字”，因此在遇到这两个数字的时候，要区别对待，不能简单将它们加成个位数。

倒金字塔魔咒灵数学

在所有的灵数学流派中，倒金字塔魔咒灵数学大概是最不为人知的一种了。这个流派需要借助一系列的倒金字塔结构，从中揭示出当事人重要的性格特质。它比较独特的地方在于将每一个字母转换成数字之后，最后的和都是 365，正好等同于一年的天数。

新卡巴拉灵数学

这个流派脱胎于卡巴拉灵数学，在其基础之上做了一些改进。它的诞生反映了罗马字母表的变化。

生命灵数的简单计算方法

下面，我们教大家一种非常简易的计算方法。首先要说明的是，这仅仅是一种粗略的计算和概述，目的在于抛砖引玉，让大家对于生命灵数有一个初步的概念。我们的例子采用的都是毕氏灵数学的计算方法。

在开始之前我们要对规则做一点简要说明。毕氏灵数学所研究的数字一般都是个位数，唯一的例外是 11、22（有时也包含 33、44 等）。11 和 22 是所谓的“卓越数字”，可以保留其个位和十位，而不是继续相加使其成个位数。除了卓越数字之外的所有数字，都必须将其各个位数上的数字相加，最后得到一个个位数。

举个例子：

将数字 26 的个位和十位相加，得到 8（2+6=8）。

将 1967 年所有位数上的数字相加，其和是 5（1+9+6+7=23；23 还是一个两位数，我们需要进一步将其加至个位数，即 2+3=5）。

生命灵数既可以计算生日，也可以计算姓名。在下面的各个章节中，我们会把生日和姓名分开讨论。我们先教大家怎么用自己的生日，因为这部分比较容易理解。

另外，不同的流派使用的术语也不同。例如，“主命数”也可以被称为“生命路程数”。不管怎么称呼，我们要明白它们代表的含义是一样的，没有什么不同。

第四章 数字1至9的基本含义

数学是人类知识活动留下来的最具威力的知识工具，是一些现象的根源。数学是不变的，是客观存在的，上帝必以数学法则建造宇宙。

——笛卡尔（R. Descartes），法国哲学家、数学家

目前世界各地有大量新颖的关于生命灵数的计算方法。不过如果真的对这个课题感兴趣，首先要了解数字 1 到 9 的基本含义。

数字 1

相关元素：火

相关行星：太阳

相关星座：白羊座

相关塔罗牌：魔术师

幸运宝石：红宝石

幸运日：星期日

幸运月：1 月、10 月

幸运日期：1 号、10 号、19 号、28 号现在让我们拿出一张白纸，写一个大大的数字 1，那么我们的面前就会出现一条直线。这条直线犹如一把利剑，贯穿头尾，它象征着新事物的开创、做事的决心、以及坚强的意志力。它勇往直前，不会被周围的环境影响。数字 1 也是《易经》中的“阳”。它代表了男性的力量，以及一家之长的权威。

数字 1 的关键词是领导力、创造力、勇气。还有野心。如果姓名或者生日的灵数中含有 1，通常代表此人是完美主义者、聪明的发明家或者先驱。1 的元素是火，它给人带来光明，代表着一种积极的力量。数字 1 通常代表着一个天性乐观的领导者，就像塔罗牌中的“魔术师”，另外，它还代表着一个有创意、有想法，负责制订计划和实施战略的人。他们一般都很有自信，非常独立，不依靠任何人就可以独立完成工作。他们的个人风格非常强烈，原创性也非常强。

关键词	
正面含义	事业的开创者、具有先驱者的精神、有创意、很强的领导才能、独立性强、不达目的不罢休、个人风格强烈、执行力强、坚强的意志力、善于决断、有勇气
负面含义	过于武断、过于强势、控制欲强、爱冲动、自我中心、夸夸其谈、任性固执

数字 2

相关元素：水

相关行星：月亮

相关星座：巨蟹座

相关塔罗牌：女祭司

幸运宝石：月光石

幸运日：星期一

幸运月：1月、11月

幸运日期：2号、11号、20号、29号

与数字1相比，数字2的形状呈拱形。我们可以看到，数字2的头部弯弯的，而底部是一条直线。拥有灵数2的人通常都比较谦虚，面对他人的时候似乎都会低着自己的头。他们有很强的直觉和灵性，多才多艺。此外，拥有灵数2的人适应性强，非常灵活。他们擅长以柔克刚，就像一条河流，随着环境的变化不停地调整自己和学习进步。2也代表了《易经》中的"阴"：这是一种女性的力量，也代表了母亲的慈悲。

数字2对应的是塔罗牌中的"女祭司"。女祭司通常代表的是女性阴柔的那一部分特质。她聪颖过人，智慧出众，常常和我们的精神以及灵性领域相关；她个性谦虚，很有耐心，同情别人而且乐于助人；她还是一名出色的导师，教会大家应该如何聆听自己内心的声音。不过，由于2是一个妥协和付出的数字，因此拥有灵数2的人也容易被别人利用自己的同情心。灵数2是站在幕后的力量，通常对于自己要完成的任务极端苛求细节。如此一来，我们也会感受到数字2的负面含义，也就是：没有耐性、过度敏感、没有安全感、多疑和狡猾。拥有灵数2的人非常害羞，有一些社交恐惧，总是希望自己不要引起大家的注意。另外，他们也不喜欢人多吵闹的地方。

关键词	
正面含义	爱合作、适应性强、考虑他人的感受、照顾别人的需求、很好的调停者或者中间人、谦虚、真诚、有灵性、天生的外交家
负面含义	害羞、胆小、自我意识太强（比如老是觉得别人在看自己）、恐惧、内向、过于注重细节、抑郁症

数字 3

相关元素：火、土

相关行星：木星、金星

相关星座：射手座、金牛座

相关塔罗牌：皇后

幸运宝石：黄玉、翡翠

幸运日：星期四

幸运月：3 月、12 月

幸运日期：3 号、12 号、21 号、30 号

如果我们将数字 1 看做父亲，数字 2 看做母亲，那么数字 3 就是他们创造出来的孩子。拥有灵数 3 的人天性乐观、创意十足、喜欢交流和沟通；他们热爱社交、对人友好，总是显得比实际年龄年轻；他们特别喜欢激励周围的人们，擅长给一个沉闷的环境增加色彩；他们看起来精力充沛，总是开开心心的，有的时候有些厚脸皮。拥有灵数 3 的人好奇心强，喜欢研究哲学，懂的东西特别多。不过有时候他们太爱包打听、管闲事，真让周围的人们受不了。

塔罗牌里数字 3 代表的是“皇后”。皇后是一张很美的牌，她暗示了物质生活的丰盛、母亲的慈爱和家庭。另外，这张牌出现也代表当事人喜欢奢侈品的倾向。另外，它还代表了爱心、对家人的保护以及收获。拥有灵数 3 的人就像这张皇后牌所显示的那样，他们喜欢享受，对别人的要求都很高，有时候也会相当懒惰；他们的情绪不太稳定，做事情容易漫不经心，注意力分散，所以常常会同时接手很多项目或者承诺很多，结果虎头蛇尾。拥有灵数 3 的人喜欢指

挥别人、分配任务，自己当老板。不过因为显得年轻或者缺乏经验，他们有时会得不到应有的承认；上司也不太愿意将重要的岗位和工作交给他们去做。

不过拥有灵数3的人很受欢迎，人缘特别好。他们善于社交，很会搞气氛，因此运气方面总是不错。他们需要注意自己说话的方式，不要在背后议论别人。不然的话反而容易被人议论，自食其果。

关键词	
正面含义	很会表达自己、口才好、能鼓舞人心、想象力丰富、有艺术才华、敏锐度高、乐天派、喜欢玩耍、会享受生活
负面含义	精力分散、夸夸其谈、手边有很多完不成的项目、有时缺乏方向、情绪化、自我中心

数字4

相关元素：风、火

相关行星：天王星、火星

相关星座：水瓶座、白羊座

相关塔罗牌：皇帝

幸运宝石：蓝宝石

幸运日：星期日

幸运月：4月、8月

幸运日期：4号、13号、22号、31号

数字 4 有时可以用 4 条直线组成的长方形来代替，它代表了稳定、安全、坚实的基础。拥有灵数 4 的人通常都非常实际，注重逻辑思维。他们对人真诚，对友忠实，纪律性强。不过就是因为太诚实了，他们非常直率，不知道如何讲究说话和沟通的技巧，常常会让别人觉得不给面子。他们喜欢规律的生活，喜欢熟悉的场景和地方。如果他们正在做事，最好不要中途打断他们，类似这种生活中突然而来的变化常常会让他们感到恼火。一般来说，他们通常会选择安稳的工作，把工作安排得井井有条。他们喜欢系统性，因此大企业对他们特别具有吸引力。

塔罗牌里的数字 4 是“皇帝”。皇帝代表了权利、管理才能、组织能力以及注重现实。皇帝牌出现也代表体面的工作、注重权威的环境以及实际的作风。拥有灵数 4 的人通常被认为是“弱者的保护人”，愿意为公平和正义而战。不过也正因为如此，他们也会显得极端和固执，有的时候听不进别人的话，看不到其他的可能性。此外，他们也容易教条化，喜爱与人争论。对他们来说，最大挑战在于学习如何打开自己的心灵，变得更加灵活和圆滑一些。

拥有灵数 4 的人通常都是靠自己，一般不会在工作上接受别人的帮助。他们中的许多人都有能力建立一个成功的企业。

关键词

正面含义	重视秩序、有很强的价值观、有能力突破限制、 能够实现稳定的增长、非常务实、理性的头脑、 对细节十分重视、容易取得成功、有管理和组织天分
负面含义	缺乏想象力、过于重视细节、固执己见、爱与人争论、 行动较慢、过于严肃、时常陷入困惑

数字 5

相关元素：风、土

相关行星：水星

相关星座：双子座、处女座

相关塔罗牌：教皇

幸运宝石：橄榄石

幸运日：星期三

幸运月：5 月、9 月

幸运日期：5 号、14 号、23 号

数字 5 的头部是一条直线，然后一条弯弯的线下来，但是并没有在底端闭合。一说到数字 5，我们就能够联想到很多词汇，比如“自由恋爱”、“机智风趣”、“声色犬马”、“冒险王”、“有事业心”等。拥有灵数 5 的人通常都不安于现状，不能忍受任何束缚。一旦面对压力，他们宁愿选择逃避也不选择面对。缺少了 5 号人，这个世界不仅会变得很沉闷，甚至有倒退的可能。5 号人是探险家，给我们带来新思想、新发明、新科技等来改变我们的社会。他们就如同风一样，总是在不停地流动，从一个地方换到另一个地方。

塔罗牌里，数字 5 代表的是“教皇”。教皇是法律和传统的代言人。他传播知识，将智慧传达给需要指引的人们。5 号人学东西很快，所以让他们日复一日做着单调平淡的工作简直就是一种谋杀。5 号人好奇心很强，他们什么都敢尝试：抽烟、喝酒、嗑药、性爱等，就是为了好玩；他们做事容易鲁莽和冲动，不太考虑别人的感受。因此对他们来说，必须学习负担起应负的责任，有问题的时候不要逃避，也不要把责任都推给别人。他们应该将自己的精力导向正面的活动，以免受到不良的干扰而堕落。

关键词	
正面含义	开拓性强、带来新思想、很有远见、动脑快、多才多艺、变化无穷、行动力强、好奇心强、爱探险、足智多谋、不受约束、想法多
负面含义	坐不住、不安于现状、爱发火、说话尖刻、总是不满意、做决定过于草率、没耐性、只说不做

数字 6

相关元素：土、风

相关行星：金星

相关星座：金牛座、天秤座

相关塔罗牌：恋人

幸运宝石：祖母绿、蓝宝石

幸运日：星期五

幸运月：5 月、10 月

幸运日期：6 号、15 号、24 号

数字 6 的写法很有意思。拿出一张白纸，起笔一点，然后顺势往里弯，收笔的时候在底部形成一向内的圆圈。仔细一看，数字 6 的形状特别像一个正在休息的孕妇。拥有灵数 6 的人生性浪漫、个性风趣，非常注重感官享受。他们对周围的人都很好，特别有保护欲，责任感很强。此外，他们才华出众、艺术细胞丰富，很有教养。他们喜欢关怀和照顾身边的人，表现得好像爸爸妈妈。6 号人很有爱心，常常为了心爱的人做出牺牲。对他们来说，爱情、浪漫还有婚姻就是他们的全部。通常，他们会喜欢外表好看的成功人士，而他们自己也很容易引起别人的注意。6 号人很会和异性朋友交往，事业上也常常得到异性的帮助。大多数 6 号人赚钱比较容易，似乎身上有一种吸引金钱的气场。不过他们也有冲动消费、奢侈浪费的倾向。

塔罗牌里的数字6代表的是“恋人”。这张牌表达的是爱情、性吸引力和浪漫。不过这张牌的含义并不是表面上的那么简单，它还隐含了生命中需要做出的艰难选择，特别是当涉及到爱这个主题时所必须面对的选择。6 号人在面临爱这个字眼时，也会表现得很自私、很缠人，并且极端喜欢操纵别人。由于自己性格迷人、与人相处愉快，他们也会经常吸引来第三者或者陷入复杂的恋爱关系。他们可以成为很好的父母亲，但是对孩子的保护欲太强，反而会让孩子觉得窒息，而他们自己还觉察不到这一点。他们比较固执，容易受到伤害。对于 6 号人来说，要学会自爱，也要学会如何无条件地爱别人。

关键词	
正面含义	责任感很强、有艺术细胞、喜欢照顾别人、喜欢社区、中庸之道、有同情心、慈悲、无私、喜爱家庭、愿意无偿为别人提供服务
负面含义	自以为是、固执、偏执、喜欢控制家人和朋友、爱管闲事、自我中心、喜欢别人恭维自己、说话太直

数字 7

相关元素：水

相关行星：海王星、月亮

相关星座：双鱼座、巨蟹座

相关塔罗牌：战车

幸运宝石：紫水晶

幸运日：星期一

幸运月：6 月、7 月

幸运日期：7 号、16 号、25 号

数字 7 的头部是一条横线，接着往下就是一条竖线，最后落笔之处只有一个点。头部的横线象征了智慧、知识和智力；中间部分的竖线象征了情感和感受，而最底部的那个点则象征物质和实际的事物。如果这么看的话，我们会发现拥有灵数 7 的人最注重的就是头脑，他们不太关心感情和物质。7 号人分析和观察能力都很强。他们聪明、反应快、注重理智，对任何事情都喜欢持怀疑态度。他们的好奇心很强（这点和 5 号人一样），喜欢花时间对一个题目进行钻研，直到他们能够了解所有的细节。7 号人还特别喜欢自己的空间和隐私（这点和 1 号人一样），即使朋友很多，他们还是喜欢独来独往；成为 7 号人的知交是非常困难的。他们喜爱神秘事物，擅长解决难题；他们还是出色的战略家和优秀的顾问。

塔罗牌里，数字 7 代表的是“战车”。在这张牌里你可以看到一位勇士站在自己的战车中间，同时控制着两匹或者四匹不同方向的战马（有的牌面画的是希腊传说中的斯芬克斯），好像要奔向他想去的方向。不同方向的战马暗示了 7

号人总是在左脑和右脑之间进行挣扎。到底什么才是更好的选择？左右脑总是在不停地争吵，常常会导致最终目标的迷失。因此，7 号人需要有超出常人的意志力和信念才能够完成自己的旅途。他们应该拓展自己的社交，多交朋友。不然总会给人留下清高、傲慢、没有耐心和冷酷的印象。

关键词	
正面含义	分析能力强、研究能力强、聪明过人、爱知识、爱真理、理性的头脑、具有创造性、爱钻研、喜欢冥想、个性迷人、举止出众、喜爱独处和安静、完美主义者
负面含义	老是藏着掖着、爱持怀疑论调、过于保守、喜欢争论、爱讽刺人、孤立、固执、立场僵化、特别不喜欢被人打扰和分心

数字 8

相关元素：土、火

相关行星：土星、太阳

相关星座：摩羯座、狮子座

相关塔罗牌：力量

幸运宝石：黑玛瑙

幸运日：星期六

幸运月：2 月、10 月

幸运日期：8 号、17 号、26 号

数字8由上下两个圆环组成。将它顺时针旋转90度就是数学中的“无穷大”符号。数字8的能量很强，2个圆环代表了圆满、勇气和永恒。拥有灵数8的人内心强大、有使不完的精力，忍耐力也极强。他们十分务实、热爱物质、忠诚可靠而且雄心勃勃。8号人大多数都是工作狂，常常把工作摆在家庭的前面。他们有能力在公司步步晋升，也能接受从最底层干起。他们比较极端，意志力、激情和正确的指引对他们来说非常重要。8号人内心深处十分友善，同情弱者、喜欢慈善。他们常常会为穷人提供庇护，也会为慈善组织或者学校捐款。他们正义感很强，不过如果被逼急了也会变得冷酷无情。在别人的眼中，他们不怒自威，能够成为领袖或者执行官。

塔罗牌里，数字8代表的是“力量”。这张牌通常代表了阴柔的力量、强大的内心以及战胜诱惑的勇气。大多数的“力量”牌上都会出现一位女性和一只狮子。女性或是温柔地抚摸狮子，或是轻柔地合上它的嘴巴，原本狂躁的猛兽臣服在这种温柔的力量之下。生活中，我们也必须用文明来驯化野性，以暴制暴不但无法解决任何问题，反而会带来更大的毁灭。我们要心怀慈悲，用温柔的力量来化解纠纷和难题。8号人必须学习将自己的力量转化为切实有效的行动。他们要学会承担责任，不要总是将自己的失败归咎于他人。他们需要善用自己与人相处的能力。此外，他们也应避免酒精，以免降低自己的敏感度，甚至酿成丑闻。

关键词	
正面含义	执行力强、拥有政治家的才干、擅长处理政治问题、事业心强、容易得到别人的认同、判断力出色、有决断力、擅长指挥
负面含义	工作狂、野心太大、缺乏人道主义精神、理财出现失误、压迫下级、没有耐心、太现实、紧张过度

数字 9

相关元素：火

相关行星：火星

相关星座：白羊座、天蝎座

相关塔罗牌：隐士

幸运宝石：红宝石、石榴石

幸运日：星期二

幸运月：3 月、11 月

幸运日期：9 号、18 号、27 号

数字 9 的头部是一个圆圈，然后一条直线画下来，写法正好和数字 6 相反。如果说数字 6 代表的是家庭、小爱、女性的力量，那么数字 9 代表的就是大爱、人道主义以及阳刚的力量。拥有灵数 9 的人心胸宽广，天性热情，具有奉献精神；他们不仅喜欢帮助别人，还特别喜欢改造别人，不过也正因此常常让自己陷入麻烦；他们知识广博，很有灵性，愿意直面困难，接受挑战；他们能力很强，学东西特别快，直觉也很强；他们充满活力，表达通常比较夸张，是一个理想主义者。他们背负了众多的负担（基本上是家庭方面的），会竭尽所能取得成功。

塔罗牌里，数字 9 代表的是“隐士”。这张牌里常常会出现一名耄耋智者，他举着一盏明灯，或为自己或为他人寻找前行的方向。9 号人的消极面在于太强势、臭脾气、做事冲动、自我中心、时刻处于防御状态。他们不太注意说话的技巧、极其缺乏耐性，很容易发生意外让自己受伤。他们对自己爱的人完全不讲原则，即使对方犯了错也会睁一只眼闭一只眼，甚至包庇对方。他们必须懂得想要照顾好别人要先照顾好自己，而且也不能太注重物质，要听从自己内心的激情。

关键词	
正面含义	十分友好、非常热情、天生具有人道主义的情怀、乐于付出、无私、能够完成赋予他们的责任、具有创造性的表达、很慈悲、有艺术和写作才能
负面含义	负面含义：自我感觉良好、兴趣分散、占有欲强、不会理财、特别希望得到别人的关注

第五章 性格数字

对自然界的深刻研究是数学最富饶的源泉。

——傅立叶（J. B. J. Fourier），法国数学家

性格数字又叫做生日数字，即出生当日的日期。我们每个人在哪一天出生，对命运有着重要的影响。在研究生命灵数的时候，主命数是一个非常重要的数字(我们将会在第八章作详细分析)。出生当日的数字虽然不如主命数那么重要，但它对主命数的补充说明作用也不可小视。这两个数字说的都是我们生而具有的性格特质以及天赋才华。下面我们就来谈谈生日数字以及它们各自的含义。

1号

1 号出生的人有较强的执行力和领导力，即使主命数字不是 1 也不会改变这一点。无论是出生在哪一个月份的 1 号，都代表了一个意志力强、有自信而且有原创精神的人。

数字 1 是一种挥毫泼墨的霸气，这个数字不太会注意和把握细节。这天出生的人即使敏感，也会压抑自己的感情。1 代表了领袖气质、很有野心并且渴望成功。这天出生的人非常独立，不喜欢和别人一起做事，不然会觉得自己受到束缚。他们对于各种规矩也很不耐烦。

1 是先驱者、冒险家，还是事件的发起人。这天出生的人独创性强、头脑敏锐、具有出色的商业嗅觉，他们经过适当的训练，可以担负大公司大机构的运营。这天出生的人知识丰富，善于使用信息和情报来达到自己的目的。在他们眼中，知识或信息不应当躺在那里睡大觉，而应该被人善加利用。

这天出生的人有远见，具有激励他人的才能。他们意志力坚强，但也会遭遇挑战，尤其是在 28 岁到 56 岁这一段时间内。不过他们成就一番事业的机会也很多。他们乐于倾听别人的观点，但一旦下定决心就会极端固执。他们需要改变懒惰以及做事拖延的坏习惯。

这天出生的人特别容易着急上火。如果事情的进展不像他们预想的那么迅速，他们常常会强力推动。对于他们来说，成功的关键在于决心、毅力以及创新精神。坚持不懈的话，就会在个人发展和物质回报上获得成功。

2 号

2 号出生的人通常都会多一些敏感和直觉，他们也会比较注重情感。2 是一个社交的数字，所以这天出生的人很容易就能交到朋友。虽然如此，他们在人多的场合还是容易感到紧张不安。

这天出生的人善良而有同情心，总想得到所有人的喜爱。他们比较内向、容易感到焦虑和冲突，比其他日子出生的人更容易情绪化。当他们抑郁的时候，是很难从那种情绪中走出来的。他们非常敏感，直觉很强而且相当圆滑。他们比别人更容易感受到周围环境的变化，也最容易受到环境的影响。他们喜爱一切美的事物，喜欢成为关注的焦点。然而由于过度敏感他们通常都会让情绪主导自己，感情上过于脆弱。

2号出生的人容易抑郁，对自己缺乏信心。不过，他们善于处理人际关系，处事相当圆滑；他们一般都知道别人在想什么，可以调整自己创造一个愉快的环境。同样，他们也很擅长为冲突的双方找到一条中间道路，达成共识。他们拥有音乐和艺术天分、天性温柔和煦，也希望他们的亲人和周围的人能用同样的方式对待他们。他们喜爱拥抱，在爱情上往往像个孩子。另外，他们十分注重安全感。

这天出生的人很注重合作，因此最喜欢在一个团队里工作。他们喜欢站在幕后而不是台前。他们谦虚友善，拥有绝佳的外交才华、直觉很强，往往别人还没开口他们就已经知道对方的意思了。这天出生的人不适合开创性的工作，适合执行性的工作。他们非常注重细节，注重环境的友好，否则就会变得沮丧和焦躁不安。

这天出生的人是项目和团队的黏合剂。他们常常为别人做嫁衣，自己得不到什么好处。不过他们无论走到哪里都是不可或缺的人才。

3号

3这个数字会为这天出生的人带来活力。3的能量能够让人很快从失落和打击中恢复（无论是肉体还是精神上的打击）；同时，它也带来了一种不安分的因素。这天出生的人是个乐天派，对什么事情都满不在乎。

这天出生的人很善于在公共场合表达自己，而且通常都能够给人留下深刻印象。他们对于语言十分擅长，因此可以在写作、演讲甚至是歌唱上取得成功。他们想象力丰富，活力四射，十分健谈；不过，他们也容易精力分散，沉迷在过多肤浅的事情上。他们温柔亲切，有时过于敏感，生活容易大起大落。他们是绝佳的创意人才，本质上是一个艺术家，无论在写作、视觉艺术还是表演上都能够取得不俗的战绩。所以如果你在 3 号出生，而没有在这些领域发展的话，真的是可以考虑利用业余时间钻研一下艺术呢。

这天出生的人聪明机智，幽默风趣。他们对人热情、很有魅力，做销售是最适合不过了。他们天性友好，爱交朋友，温柔亲切。他们就是一个魅力电场，不过也容易忧郁，情绪上易走极端。

他们无论做什么事情都有一种协调和艺术美。从穿着饰品到家具装潢，无不体现了这一点。他们侍弄花草也十分在行。他们需要注意的是不要在过于琐碎的事情上浪费时间和精力。要牢记自己的长期目标。

4号

4 号出生的人容易成为组织者和职业经理人。即使主命数不是 4，出生在这一天的人也会具备较强的责任感和纪律性。他们真诚可靠，态度严肃，工作努力。不过 4 也代表了一种限制，如果生命灵数的其他几个重要数字也含有 4 的话，这种限制就会更加明显。

这天出生的人倾向于压抑自己真实的情感。数字 4 对于表达情感有一种抑制作用，情感在这里受到严格的控制。这天出生的人注重实际和理性，并且十分注重细节。数字 4 也代表了僵化和固执。4 号出生的人工作努力，尽心尽责，注意精确度，对交给自己的任务十分用心。他们原则性、纪律性强，通常是可依靠的对象。他们会严肃对待自己的责任和义务，是道德典范。

这天出生的人虽然看起来有点“道貌岸然”，但并不显得十分傲慢。他们对大众有一种同情心，遇到阻碍和困难时喜欢坚持到底。他们热爱家庭生活，是很好的伴侣。不过，他们从不沉溺于情感，表达爱意也很保守。他们对于感情总是很节制。

4号出生的人关注的重点在于生活的基础——无论是生意、事业还是家庭生活，他们关注的焦点是基础。这是一群非常理性的人，从不相信天上掉馅饼，也不相信一夜暴富的神话。他们采取的是一种虽慢但却安全可靠的方式。他们很有耐心，不喜欢站在台前，是天生的组织者和经理人。周围的人都会依赖他们，家庭的收入和稳定也有赖于他们。

这天出生的人容易僵化固执。他们的天性就是默默耕耘，然后等待结果，因此有可能会对有创意的想法视而不见。他们应该学习灵活处理问题。此外，他们喜欢压抑自己的情绪，容易沮丧。因为太过理性，所以并不能够完全了解情感的含义。这也导致了他们在这个问题上的笨拙。他们需要放下过多的工作，停下来欣赏生活中的简单事物之美。

5号

5号出生的人通常很擅长与人合作，与大家相处得非常愉快，有很多朋友。他们很有才华，多才多艺，很会表达。他们通常不安于现状，需要改变，喜欢旅游，热衷冒险。他们进取心强，想象力丰富，能够适应不同的环境。

这天出生的人脑筋转得很快，机智聪明，分析力强，他们非常好奇，总是寻找各种各样的经验来满足对知识的渴望。他们天性多动，没有耐心，不喜欢遵守规矩，也不喜欢承担责任。

因为太害怕失去自由，亲密关系对他们来说往往是个挑战，因此常常很晚才安定下来，不然就是走另外一个极端，早早成家立业。

他们适应性极强，需要新鲜刺激。他们人缘好，也擅长表达。5号出生的人在推销、公共关系或者写作方面都很有才华，天生就是最好的销售。他们和所有人的关系都很好，不过前提是别有太多约束。天天坐在办公桌前面或是关在办公室里一定不行。如果生命缺乏变化和新鲜，他们就会感到厌倦和焦躁不安，觉得自己像被困住了一样。

5号出生的人责任心不强，需要学习纪律和秩序，学习如何管理自己的时间。他们反应快，分析能力强，不过也会自信心膨胀，固执己见。不过一般来说，他们处理问题时都能够找到极富创意的解决方案。

这天出生的人没有耐心，容易冲动，而且容易陷在美食、酒精、性以及毒品中不能自拔。对他们来说，一定要选择正确的人生道路，避免耽溺，不然会对未来产生极大的影响。

6号

生日为6的人天性会更富有责任感和同情心。他们心胸开阔，对人诚实，全心全意地爱着自己的家人和朋友。

6这个数字代表的就是责任和爱心。因此无论主命数是几，这天出生的人都会关心周围的人们。他们的责任感很强，往往会积极主动地承担责任。他们此生致力于家庭，擅长中和不同派别的矛盾，使之达到一种平衡。“和谐”就是他们的人生主题，为了完美地诠释这个主题，他们必须要深入对立双方的矛盾根源，找到一条中间道路。他们必须了解自己能够发挥什么样的作用，也必须懂得自己的局限性在哪里。这样才能够游刃有余地处理情感、工作、理财以及人际关系上出现的问题。此外，他们还很有艺术天分，对于任何美的事物都有一种发自内心的欣赏。

这天出生的人十分注重人与人之间的关系。他们喜欢帮助别人，具有治疗的天分，因此在治疗的领域可以做出成绩，比如成为一名营养师、另类健康疗法治疗师（针灸或按摩这些门类）或者一名医生。

这天出生的人不应该老是怀疑别人是不是尊重自己。他们喜欢别人奉承自己，也很难接受批评。总之别人说什么对他们的影响都非常大，为了别人的看法甚至可以牺牲自己的感受。他们为人大方、善良而富有同情心。不过也很容易情绪化，常常同情心泛滥，或者太多愁善感。他们不应该仅仅满足于成为别人脆弱时可以依靠的一个肩膀。要开发自己疗愈的天分，这样生活就会给他们丰盛的回报。

7号

7号出生的人倾向于成为一个完美主义者，他们独来独往，擅长进行深入而复杂的推理和分析。他们灵性极强，十分敏感。7号人应该听从自己的直觉。

他们不太喜欢循规蹈矩，喜欢单独工作或者自己当老板。7这个数字多少有些自我中心和顽固。7号人头脑精于分析，善于探索物质世界的洋洋大观。同时，他们也十分注重哲学和精神的研究。这天出生的人应该在某个领域进行深入的钻研，以便完全利用自己的天赋才华。处理人际关系的时候，他们也是理性而客观的。

对于他们来说，情感是一个模糊和陌生的领域。他们一般都不太相信情感，觉得情绪化的人既幼稚又无法预测。

他们有绝佳的直觉。如果想要开发这方面的天赋，需要做一些冥想或者灵性的修习。一旦开始相信直觉的力量，他们就会坚信不疑。此外，他们应该避免做事流于表面，也要避免投机和赌博。他们不是冒险的类型，非要这样做通常会让他们遭受损失。他们喜欢单独行动，做事有自己的步调，也不喜欢虎头蛇尾。他们的兴趣往往集中在科学、技术以及玄学上面。

他们十分敏感，有深厚的感情。但是他们不太愿意同别人分享自己的情感，而且在这方面常常会遇到沟通障碍。他们喜欢花时间独处，但是应该注意不要过于沉浸在自己的世界中。他们有时会固执己见，应该注意不要太过注重分析、铁石心肠还有愤世嫉俗。他们也容易自我中心，爱批评别人。不改掉这个毛病，很容易带来不幸，尤其是婚姻上的不幸。不过婚后的他们往往会是忠诚的伴侣。

这天出生的人应该好好利用自己的天赋才能，不过注意在这个过程中不要迷失心灵的呼唤。要学习与自己信任的人分享情感，也要学会如何长时间地维系一段亲密关系。这样一来，就可以平衡自己过于注重分析的头脑，享受一段美好的情感所带来的幸福。

8号

8号出生的人很有做生意的天分。他们懂宏观，点子多，很会制订计划。此外，他们的执行力一流，判断力也很强。对于控制欲这么强的 8 号人来说，自己做老板是最适合不过了。

他们善于处理钱财上的事宜，在这方面能够得到别人的信任。他们也是完美主义者，为了工作不惜加班加点，别人需要他们的时候就会冲到第一线。8 号出生的人容易在物质上取得成功。他们天生是个生意人，对于钱财的感觉都很好。一说到做生意，他们通常很有创意，胆子也很大。他们有很准的判断力，需要自由的空间来发挥自己的才华。不过，他们也要避免专制，不要老是愤愤不平。这天出生的人很有竞争力，最好不要和别人合伙做生意。如果与人合作，特别是两个人的地位不相上下，通常会沉浸在权力斗争之中。

他们做事很有效率，可以完成大型的项目；他们也有组织才华，可以同时管理很多人。如果还没有带领自己的部门，或者成立自己的公司，他们命中注定要向这个方向发展。此外，他们非常现实，很有自信，野心很大，目标明确。8 号出生的人办法非常多，因此周围的人都很尊敬他们，依赖他们，相信他们的判断力。

他们热爱挑战。赞扬的话可以鼓励他们，质疑的话更会让他们充满斗志。他们渴望金钱，渴望社会地位，因此会买很炫的车或者很大的房子来炫耀自己的能力。他们爱自己的家庭，也希望为家出力。他们性格强势，控制欲强，喜欢发号施令；不过对待自己或别人的弱点都很没耐心，而且不愿表达自己的真实情感。

8 号出生的人必须懂得坚持和隐忍。他们应该将生活中的众多坎坷当成挑战，让自己变得更强。对他们来说，面对困难的态度是成败的关键。

9号

9号出生的人更具有理想主义和人道主义的情怀。他们头脑开阔，富有忍耐力，待人大方，很有人缘。

这天出生的人对别人的情感和需求都十分敏感。有的时候表面上似乎看不出来，但其实他们内心非常热情，特别具有同情心。他们的感情很丰富，情绪的颠簸也很剧烈。数字9代表了注重付出而不是讲究回报。他们心胸开阔，理想主义，富有同情心。他们应该注重投资自己的教育，尤其是艺术方面的教育。他们拥有创造的才华，许多伟大的艺术家都受9这个数字的影响。

这天出生的人必须深入了解生活，以便对社会做出更大的贡献。他们也需要融合实际和人道主义，以便在社会上承担自己相应的职责。他们必须了解什么能够在实际层面上操作，同时也要将实际的努力和更大的社会价值联系起来。对于他们来说，能不能找到一个既适合自己，又能够为他人做出贡献的岗位，并不是一件容易的事。对别人付出越多，自己在物质和精神上的收获也越多。这天出生的孩子在选定自己究竟适合做什么之前通常要经过长时间的思考。

9号出生的人交游广阔，魅力十足，朋友遍布三教九流，周围的人都很喜欢或者仰慕他们。他们视野宽广，看问题往往从宏观的角度出发，国际政治或者是社会运动都可以吸引他们的注意力。他们能够很好地表达自己的情感，但是有时会让人觉得有些夸张。他们对于哲学和玄学充满了热情。9号人有一种从各种渠道吸引金钱的能力，比如说继承遗产、中大奖等。

9这个数字有一种牺牲的含义，因此这天出生的人需要学习什么是宽恕和无条件的爱。他们必须要避免负面的情绪：不要因为觉得对自己不公平或者别人欠自己的，就认死理或者死抓住一个人不放。宇宙会最终评判这些是非，不如将自己的精力用在有意义的人生追求上，从而获得自己应得的生活和奖赏。

10号

10号出生的人不仅独立性很强而且精力充沛。即使主命数不是1，这天出生的人也有强大的执行力和领导才能：他们意志力坚强，很有自信，做事也相当具有独创性。

1这个数字更注重宏观，而不是钻研细节。因此10号出生的人对于细节不太擅长。他们惯于压抑自己的情感，比较强势，总喜欢占主导地位。

10号出生的人野心很大，渴望独立。他们拥有杰出的领袖才华，有十足的成功动力。对于他们来说，最大的挑战就是能否用足够的勇气和精力克服一切困难来赢得独立、实现梦想。他们思维敏锐，分析力极强，拥有出色的管理才能。他们很会做计划，也会带领团队完成同一个任务。

这天出生的人很不喜欢循规蹈矩的生活。如果不停纠缠于细节，他们一定会觉得压抑沉闷。为了追寻自己的梦想，他们必须学会承担风险，坚持下去。他们本质上是开创者，不要辜负他们的命运。

这天出生的人一旦认定一个观点就会咬定青山不放松。他们是非常忠实的朋友，愿意为他人付出，喜欢表现自己对别人的爱。不过矛盾的是，他们也特别好胜，看到别人的成功，尤其是自己身边的朋友或同事的成功，常常会心怀妒忌。只要善用自己的决心和创造力，他们完全可以取得人生的辉煌。

11号

11号出生的人喜欢幻想，是一个理想主义者。他们喜欢与人合作，遇到问题喜欢说服而不是使用强力。另外，他们灵性极强，有很强的直觉。

他们悟性高，非常敏感，有时喜怒无常。他们虽然有聪慧的头脑，可以进行深入的分析，但在生意场上却不会感到特别自在。他们创意十足，这让他们成为梦想家，而不是行动者。他们是理想主义者，直觉非常强，知道不同的人各自怀着什么动机，因此适合做咨询师或者治疗师：常常别人还没有讲话，他们就知道对方想说什么了。一般来说，他们推崇促使人们成长的一切。

他们十分敏感，非常情绪化，特别注重别人的反应。他们非常在意别人对自己的批评，恢复起来也需要很长的时间。他们可以激发别人的梦想，有远见，可以让别人因为自己描绘的美好前景而激动万分。绝佳的直觉和敏感让他们无可避免地踏上追寻哲学和理想主义的旅途。

他们常常激励人们迈向一个新方向、采取一种新办法。他们有出色的领导才能，能够激发别人的斗志。不过他们的领导力可以说是一种“软性领导力”，也就是说更多地作为一个榜样，为别人指明方向，而不是天天坐在那里进行实际层面的业务指导。

这天出生的人意志力坚强。一旦定下了某个目标，他们就会全心全意地扑上去。不过由于本性敏感，他们的人生道路常常有些坎坷。

他们很清楚别人的想法，而且不管他们愿不愿意承认，别人的想法都会对他们产生影响。他们必须学习在面对情感风暴的时候，还能够保持自我。他们喜欢合作，喜欢用梦想激励别人，常被周围人当成偶像。

他们不太适合做生意，当然做顾问是没有问题的。他们的头脑倾向于直觉而不是理性，想法和行动都会比较夸张。他们是梦想家，而不是实干家。他们的情绪容易紧张，需要保持良好的饮食习惯，保持神经系统的健康，比如避免摄入过多的脂肪和糖分，在饮食中多加入一些矿物质。他们关注人类的生活，想通过自己的努力让世界变得更美好。

12号

12号出生的人会受数字3能量的影响。3的能量能够让人很快从失落和打击中恢复（无论是肉体还是精神上的打击）；同时，它也带来了一种不安分的因素。这天出生的人是个乐天派，对什么事情都满不在乎。

这天出生的人很擅长在公共场合表达自己，而且通常都能够给人留下深刻印象。他们对于语言十分擅长，因此可以在写作、演讲甚至是歌唱上取得成功。他们想象力丰富，活力四射，十分健谈；不过，他们也容易精力分散，沉迷在过多肤浅的事情上。虽然如此，他们的想法还是相当实际和理性。他们充满热情，喜欢关心别人，也十分敏感。

他们的生活容易大起大落。这天出生的人拥有很高的艺术才能：无论在家居装潢、厨艺还是表达方面，都很有天分。

他们聪明机智，幽默风趣。他们喜欢聚会，爱讲故事，爱说笑话，言语机智。他们精力充沛，身体的复原力也比别人要好。他们在语言和写作上面很有天分。另外，他们也适合往演艺事业发展。他们待人热情，很有魅力，做销售是最适合不过了。再坏的境遇，他们都能够看到乐观的一面，比较容易满足。

他们感情丰富，天性友好，爱交朋友，温柔亲切。他们也很情绪化，容易自我放任，尤其是当他们感到失望或自我怜悯的时候。他们需要避免过度沉迷于琐碎的事情，而忘了长远的目标。

对于这天出生的人来说，成功的关键在于责任和纪律。他们必须要将自己的创造力集中于某一领域，这样就不会将它过度分散和浪费在不相关的地方。

13号

13号出生的人比较容易成为组织者和职业经理人。不过他们也会有控制别人的倾向。由于受到数字4的影响，他们比较有责任感和纪律性。

这天出生的人真诚可靠，态度严肃，工作努力。不过4也代表了一种限制，如果生命灵数的其他几个重要数字也含有4的话，这种限制就会更加明显。这天出生的人倾向于压抑自己真实的情感。数字4对于表达情感有一种抑制作用，情感在这里受到严格的控制。这天出生的人注重实际和理性，并且十分注重细节。但是太要求细节也会让别人很不耐烦。他们热爱家庭、热爱传统、热爱社区。他们是任何一个机构的基石：做事努力，讲究细节。

很多人（尤其是西方人）认为13是一个不幸的数字，这种说法显然是没有了解这个数字的能量。很多在这天出生的人都有潜力取得巨大的成就。

他们的生命常常经历各种变化。解决了老问题，安定下来，又会有新问题出现。他们的财富来来去去，常常超出自己的预料之外，因此他们比别人都更能体会生命的无常。也正因为如此，他们会更加努力地为自己建立一个稳定的家，和别人维持一种更持久的关系。

他们常常帮助别人解决问题，是一个值得信赖的伙伴。依赖自己的意志和决心，他们可以化腐朽为神奇。他们能够用自己的能力和勤勉将一个行将就木的企业起死回生，也会用自己的能量将无法挽回的关系经营得比原来更好。

13 号出生的人必须认同手边的工作，最大限度地利用眼前的机会。宇宙一直在指引他们，他们需要培养的只是自己的信念，要活在当下，懂得当下的力量。否则只会频繁跳槽，或者频繁更换男女朋友。要学习使用自己有限的耐力和决心。

他们的分析力和洞察力都很强。不过，如果这天出生的人决心要过一种消极的生活，那会十分危险。他们要避免各种各样的坏习惯，比如烟酒赌毒，结交不良朋友，否则就会变得脾气非常冲动暴躁，伤害身边的人。他们要学习平静的力量，学习平衡内在的冲突。这天出生的人如果选择灵修道路，会取得极大的成就，为世界带来疗愈的能量。他们要不断地适应变化，选择一条有意义的道路，这样就会得到内在和外在的幸福。

这天出生的人也容易僵化和固执，不太容易接受新的想法和创意。他们要勇于接受新鲜思维，勇于挑战安稳的生活，否则生命有可能如一潭死水，毫无生气。对于他们来说，成功的关键在于尊重秩序和纪律，以及最大限度地利用生活中出现的每一次机会。

14号

这天出生的人很有才华，善于思考，充满精力和能量。虽然14的核心数字也是5，但是14却更加谨慎和实际，不会承担不必要的风险。他们善于倾听，好奇心强，会通过不断的试错走上真理的道路。他们喜欢到异国他乡体验异国情调；他们擅长使用语言，当作家或者做编辑都很适合。

如果没有什么条条框框约束，他们和大家的关系都很好。不过他们容易焦躁，换工作换男女朋友的速度非常快，真的应该在任何改变之前认真评估现状。他们自信心很强，容易刚愎自用。虽然如此，他们的运气通常都很好，简直就是天生的赌徒。

他们热爱改变的外表之下隐藏着一颗没有安全感的内心。看起来理智冷静，内心的情绪却十分汹涌，必须要不断变化才能释放，所以总让人觉得有点喜怒无常。对于他们来说，生活的挑战在于找到一个踏实的职业或者生活方式，为自己的创造力提供一个发挥的空间。他们多才多艺，很少能被什么难住。一旦认定了一项事业，他们就会兢兢业业地努力。这天出生的人要想成功必须保持平衡；另外，不要看到规章制度和责任就逃之夭夭，做事要三思而后行。

这天出生的人有投机天分，适宜进入股票市场，容易赚钱。他们适合自己创业，不过很多人还是会选择一份稳定的工作。他们要多注意自己的亲密关系，不然会有离婚的可能，或是引起伴侣的猜忌。要多花时间和家人在一起，不要变成工作狂。

14也是一个性能量比较活跃的数字，他们喜欢身体的愉悦并且享受其中，因此可能导致婚外情，而一旦被人发现，会引发各种痛苦和波动。他们的健康可以通过节制自己的欲望而改善。

他们头脑敏锐，分析能力强。他们也是实干家，富有原创精神，然而也容易飘忽不定。一旦项目启动，他们必须学习从头跟到底，不要虎头蛇尾。

他们要避免过度沉迷于某样东西，比如酒精、毒品、性或者美食。一旦他们选定某个领域并且将他们的聪明才智用于工作的话，他们一定会取得成功。

15号

15号出生的人对于家庭以及与家庭有关的事物都有着深深的眷恋。1加5等于6，6这个数字本身就暗含着老师和父母的责任感。这天出生的人既有能力又有责任心，喜欢营造一种和谐的氛围，很有人缘。相对于通过书本获得知识，他们更喜欢通过自己的观察来获得知识。此外，他们也喜欢烹饪，但通常不按菜谱来。

拥有这个数字的人待人热情，乐于付出，有点固执。他们很有创意，很有艺术才华，对语言也很擅长。他们无论做什么，都有爱好艺术的特质，尤其在绘画、书法，或者雕塑一类的视觉艺术上。这天出生的人热爱家庭、渴望一种归属感，不过也喜欢探险和旅游。他们想要的是最好的生活，一定会为了达到这个目标而努力奋斗。

这天出生的人重视承诺，生活的重点就是家庭和婚姻。他们必须乐于发掘另一半以及生活所在地最好的面向；另外，不要遗忘自己的才华，要感激上苍赐予自己的天赋，通过时光和努力将其琢磨成玉。

15号出生的人十分敏感，很难接受别人对自己的负面评价。为了避免批评，他们通常会不假思索地否定自己、接受别人的观点。他们相信做人的金科玉律：你想别人怎么对待你，你就要怎么对待别人。

他们慷慨大方、通情达理、做事负责，相当有主见。作为父母，他们尽心尽责照顾自己的孩子，努力让家庭充满稳定和关爱，也会公开表达对家人的爱意。他们的外表总是比实际年龄显得年轻。除了具有艺术才华，他们还有从商和理财的天分，在处理这些事情时会一丝不苟、尽心尽责。这样的素质从长远看一定会为他们带来收益。

他们耳根子太软，容易上当受骗。要避免在人际关系中过于软弱，否则别人会利用这一点，将他们当成好骗的傻瓜。

这天出生的人还有治疗的天赋。不过要想真正帮助别人，还需要好好开发自己这方面的潜力。他们多才多艺，一旦集中注意力在某个领域，一定会取得巨大的成功。

16号

16号出生的人喜欢独处，工作上面也喜欢单独行动。他们不太会变通，十分坚持自己的独立性，需要大量的时间单独休息和冥想。他们比较内向，稍稍有些固执，维持长久的关系对他们来说并不容易。不过因为他们特别热爱家庭生活，所以还是能够建立幸福的家庭。

这天出生的人兴趣点通常在技术、科学、宗教以及对精神领域的未知探索上。他们走的路线有点“非主流”，因此和周围的人不太一样。

虽然天生直觉很强，他们大多数情况下还是很讲逻辑，非常理性，相当具有责任感。他们的内心其实挺温柔的，但就是不会表达自己的感受。所以付出和接受爱意对他们来说不是那么容易。总而言之，这天出生的人最关心的永远是生活的哲学和精神层面。

他们在精神的领域驰骋，对于探索未知世界有极大的兴趣。某种程度上，他们觉得自己像来到地球的外星人。他们应该学习将精神和物质结合起来，学习沟通，和别人分享自己的知识。

他们分析能力很强，能够透过表面看到事物的本质，而且注意力非常集中。这个天赋可不是人人都有的，他们必须发挥自己的能力，去探索热爱的课题，并在这些课题上进行深入的研究。做事一定要专，要成为某一个领域的专家，这样既解决了生存问题，又能够获得影响力，成为权威，同别人分享自己的智慧。他们要避免疏离冷漠、过度分析以及吹毛求疵，否则会愤世嫉俗、脱离群众。要改掉脱离实际、喜欢幻想的毛病。如果过度沉浸在白日梦之中，如何在现实生活中努力？如何取得成功呢？

这天出生的人直觉很强，有些人甚至拥有通灵的能力。要相信自己的直觉，让它成为生命的指引。无论何时何地，都要将自己的远见同现实结合起来。将自己的表达置于现实的土壤之中，找到适合自己的领域，比如说科学、玄学、哲学、心理学、教学等，然后在这个领域深入下去。注意不要过于固执己见，要接受别人的真知灼见。

16 号出生的人喜欢独自打拼，不喜欢集体行动，很容易对手头的工作丧失兴趣。一旦开始做某件事情，还是坚持到底比较合适。他们必须加强信念，要把握眼前的机会，而不是将时间浪费在不停地寻找其他“机会”上面。

他们十分敏感，拥有深刻的感情。不过，他们一般不与人分享自己的情感，这方面的沟通做得不好。因为情感这个东西月朦胧鸟朦胧，本质上变幻不定，他们会觉得无法把握，十分困惑。他们必须学着了解情感这一重要的领域，虽说自己喜欢独处和冥想，也要注意分寸，不要过于沉浸在自己的世界中。他们通常不易建立和维持长久的亲密关系。

17号

17号出生的人一般都比较有财运，这个数字暗含着经商的兴趣和机敏的商业嗅觉。这天出生的人讲诚信，也很精明，从商通常都能取得不错的成绩。

这天出生的人，其组织能力、管理能力以及统筹能力十分出众，处理大型项目或者数额巨大的金钱都游刃有余。他们野心很大、注重目标，更擅长开创而不是执行。他们虽然天性敏感，外表却不太看得出来，因此在情感的接受和表达上都会有些困难。他们事业心强，具有绝佳的商业嗅觉。他们有点子，有闯劲，有创意，非常独立。

他们有良好的判断力，是出色的经理人和组织者，善于提纲挈领，懂得局部和整体的关系。此外，他们也善于处理大型项目，效率很高。

这天出生的人容易过于依赖权力和自己的判断，拒绝将权利和责任与他人分担。他们很容易成为一名暴君，觉得只有自己才能领导别人，觉得只有自己才是最正确的。即使表面上看起来和蔼可亲，性格其实相当强势。

他们充满自信，对自己期望值很高。有意思的是，别人对他们的期待往往会成为他们前进的动力。而当别人质疑他们的时候，他们的动力则更足。他们在某些方面挺夸张的，尤其是在对待金钱的态度上。他们喜欢社会地位，因此会买一辆很炫的车或者很贵的房子来炫耀自己的劳动成果。

这天出生的人渴望金钱和社会地位。他们野心勃勃，在梦想没有实现之前是绝对不会罢手的。他们喜爱家庭生活，希望成为家人可以依靠的大树。他们要避免过于强势，要与周围的人分享自己的成就，这样会感到更加快乐。

18号

18号出生的人喜欢团队合作，也会保持自己的个性。他们对待工作的态度总是闪烁着一种人道主义或者博爱的光辉。他们的执行能力很强，也可以成为出色的组织者和领导者。

他们思维开阔，慷慨大方，有一种海纳百川的包容，其热忱可以激发他人的想象。他们虽然会表达一些自己的内心感受，但还是倾向于压抑自己的情感，个性和表达方式多少有些夸张。他们是天生的领导，精力旺盛，善于组织和激励他人。他们喜欢付出，不太注重回报，在政治、宗教、艺术以及法律方面很有才华。他们很有创意，对于人性的了解十分深入。

他们应当多开发自己在多个领域的兴趣，尤其是在艺术方面。许多伟大的艺术家都在这一天出生。他们一般大器晚成，因此在选择职业方面急不来，在最后的成功之前往往会经历很多的变化和行业。

这天出生的人非常活跃，仿佛有用不完的精力。一旦设定了目标，就会百折不挠地前进。他们直觉力很强，对周围的人事有一种天然的感应能力，是天生的治疗师。他们忠于信念和朋友，可以在人们急需的时候提供帮助。不过他们也相当敏感，容易生气，会因为暗处的小人和隐藏的危险而遭遇困难。

这天出生的人适应能力非常强，可以说是天生的斗士。总是有人激烈地反对他们，而他们也必须常常向别人证明自己的实力。他们需要注意交朋友的问题，不然会在家庭和婚姻上出现问题。这种人一旦采取比较自律的生活方式，并且坚定向前，在这个过程中不断提升自己，就能够取得很高的社会地位，尤其是在政府部门或者公共服务的领域。

这天出生的人通常会在 40 岁之后取得财物上的富足，之后会越来越好。他们需要注意身体和健康，要多休息、多锻炼、多接触新鲜空气和阳光。他们的直觉、想法和生活方式很大程度上依赖他们的健康情况。

19 号

19 号出生的人天性独立、精力充沛。不过在取得真正的独立之前，他们往往要经过众多的考验。这天出生的人会受到数字 1 的影响，执行力和领导力都很强。

这是一群相当自信的人。他们意志力坚强、创意十足、自我中心。比起细节，他们更注重宏观；虽然十分敏感，却喜欢压抑自己的情绪。他们作风强势，有时让人无法接受。

他们抗拒规则，不太倾听别人的意见，一定要自己经历才能明白，即便是痛苦的经历也在所不惜。19/1 天生带有孤独的气质，即使结婚了，也会有一种无可名状的孤独感。这天出生的人容易紧张，脾气很大。

他们意志力坚强、渴望独立、野心勃勃，渴望成功和权力。为了达成这个梦想，他们努力工作，在这个过程中可以忍受种种挫折。他们对于独立的渴求往往压过了其他方面。正如诗人约翰·多恩（John Donne）所说："谁都不是一座孤岛，自成一体；每个人都是那广袤大陆的一部分。"这正是 19 日出生的人所需要学习的功课：要明白什么是对自由和梦想的追求，什么是不可或缺的现实，而两者之间的联系和区别又是什么。

对于他们来说，生命的提升在于能否拥有一个更为广阔的视野。为此要与别人交流思想，不要过于局限在自己的想法之中，与社会脱离，在自己的周围建立一座围城。他们有时会十分固执，这说明了来自心底的恐惧。要意识到生命是一个大的生态系统，循环往复，自动达到一种平衡，而每个人都有其生存的价值。

他们很自信，但也喜欢听到鼓励的言辞。他们工作勤奋努力，是任何公司或组织不可或缺的人才。对工作的热忱、坚持不懈的付出，都会为他们带来人缘。

他们内心是一位开创者，为了达到自己的目标，他们甘愿承担风险。因此，他们也乐于改变自己的生活环境。

他们会公开表达自己的爱意，愿意为别人牺牲自己。他们是理想主义者，不过如果理想破灭，他们也会变得消极、愤世嫉俗。他们天性敏感，情绪波动十分剧烈，常常经历戏剧化的情感冲突。虽然如此，他们还是喜欢在公共场合控制自己的情绪，表现得一切都在自己的控制范围之内。

好好运用自己的毅力和创意，他们绝对有潜力取得不俗的成就和金钱上的巨大回报！

20号

20号出生的人注重情感、天性敏感、直觉很强。数字2的能量给他们带来了人缘，他们喜爱社交，很容易交上朋友。不过在人多的场合，他们还是容易紧张。

他们生性热忱、感情细腻，总想得到所有人的喜爱。但他们也很容易沮丧，情绪向内聚集，常常造成焦虑和紧张。一旦忧郁找上门来，就很难从这种情绪中脱身出来。而一旦高兴起来，他们就会走向另一个极端，变得过度热情。他们非常敏感，可塑性强，觉知很高，即使周围的人隐藏得再好，他们也非常容易觉察到别人的情绪。总而言之，这天出生的人非常容易受到环境的影响。

20是一个非常情绪化的数字，对于周围环境的变化十分敏感。因此这天出生的人应当建立和保持一颗强大的内心。一旦克服了这个障碍，生活对他们来说就比较容易掌控，不那么可怖了。

他们非常容易被美的事物，和谐的景象以及别人的爱心所感动。他们愿意付出情感，也期望同样的回报。他们尤其需要身体接触，比如说拥抱和抚摸。他们喜欢和家人以及朋友待在一起，喜欢与人合作，讨厌自己一个人工作。他们洞察力非常敏锐，也适合在幕后操刀，让那些领导力强的人站到台前。

他们擅长执行，不擅长开创，注重细节，没有什么可以逃得过他们的眼睛。他们谦虚谨慎、圆滑有礼，略加说服就能够让别人认同他们的观点。他们总是让别人自我感觉良好。

他们敏感度极高，很容易觉知别人的情绪，做事总是很体谅他人。他们通常是一个组织的黏合剂，对团队的成功起着关键作用。

他们在必要的时候要为自己出头。在处理自己的生意时应保持低调，不过也要保持自信，认识到自己对于任何领域的成功都是不可缺少的一环。

21号

这绝对是一个幸运数字。这天出生的人才华横溢，个性迷人，超有人缘，运气绝佳。他们遇事积极乐观，能够取得事业的成功。

他们年轻的时候就已经相当懂得外交技巧和幽默的力量。他们工作能力出众，与大多数人都相处愉快。他们尤其知道如何与外国人相处，和国外有不浅的缘分。他们也有缘分接触到上层人物，政界名流。

他们懂得欣赏美食和艺术，热爱自由和旅行。他们会因为自己的成就和服务，成为别人的榜样。

他们要提醒自己不要害怕失败，不要让失败阻碍自己助人的渴望。他们要确定目标，避免贪婪自私，否则就会被人利用，导致损失。要懂得学习生活中的智慧，避免执著。

他们是绝佳的创意人才，渴望成功。他们很擅长与人打交道，与大家相处得十分愉快。这天出生的人想象力丰富，无论是机智的谈吐还是那些让人赞叹方案都可以佐证这一点。他们聪明机智、幽默风趣、反应敏捷。他们思维活跃，身体充满活力，和美好的生命交相辉映。

他们擅长写作和演讲，适合搞艺术、当作家或者做编辑。他们对人热情、喜欢激励别人；热爱社交聚会，是天生的销售人才。他们应该将自己的注意力和热情扎根在某一个领域，好好发掘自己的才华。光机智风趣是不够的，注意力不要过于分散，不然手头的工作都做不完，对于自己的才能来说反而是一种浪费。

这天出生的人容易紧张，甚至会有些偏执。如果事情不在他们的掌控之中时尤其如此。他们爱一个人会爱得很深，充满了激情。不过多数时候他们都是在坦然接受别人的追求，这不过是因为他们的个性和谈吐过于迷人罢了。

22号

这天出生的人有时会采取一些非常规的手段，不过这完全不影响他们完成大型的项目，承担较重的责任，或者兢兢业业地努力完成工作。他们年轻的时候多少有些僵化固执，压抑自己的真实情感。他们是理想主义者，拥有强大的内心和魅力，喜欢为了更多人的幸福而工作。他们擅长做计划，看宏观而不是过度注重细节。他们的直觉和觉知力都很强，情绪上容易感到紧张。

这天出生的人有成为成功的领导人、组织者，或者创业者的潜力。他们既有远见，又有能力将其付诸实施。他们内心强大，却容易被自己的野心吓到。他们常常会觉得没有什么可以比得上自己最初的梦想，然而却会因为恐惧或暂时的失败放弃这些梦想，感到伤心失望。

对于他们来说，要学会从小事做起，然后一步步地向梦想迈进。他们既有远见，又注重实际；既讲究规则，又坚持内心；既讲究方法论，又讲究系统性。不过他们也容易紧张和怀疑自己，即使这一点隐藏得很深。

他们有不寻常的领悟力，直觉很强，应该相信自己对别人的第一印象。他们既注重实际，又注重理想，倾向于将两者融合起来。要知道他们可不是一个沉醉于宏伟计划的空想家。

他们成功的可能性极大。那些在人类社会留下深深印记的人们许多都受到数字 22 的影响。这些人包括发明家、诺贝尔奖得主、先锋艺术家和政治家。

23 号

23 号出生的人受到数字 5 的能量影响，是一个极易取得成就的数字。他们敏于言，智于行，受到周围的人尤其是长辈的喜欢，而这些人往往会成为他们生命中的贵人。他们天性乐观，待人热忱，会吸引很多人帮到自己。即使是老板也会给他们很多升迁或学习的机会。他们要注意工作态度，不然的话就只会频繁跳槽。他们喜欢改变和刺激，觉得没有这两样生活简直就是了无生趣。对于他们来说生命就是一场冒险，一定要活出生命的滋味。

他们十分热情，也很敏感。如果没有什么束缚的话，他们和所有人相处得都会很好。他们不适合坐办公室，过于安稳和沉闷的环境会让他们感到烦躁不安。

他们适应性极强，改变对于他们来说非常容易。他们很随和，与别人相处得都很好，擅长表达和推销自己。他们写作和演讲的能力都很出众，因此适合大众媒体或研究等工作。他们思维敏锐，了解人体系统，因此学医也会是不错的选择。

他们十分聪明，很有创意，就是不喜欢承担责任，往往在需要承诺的时候用花言巧语蒙混过关。他们喜欢享受，容易陷在美食、酒精、性以及毒品中不可自拔。他们要学习集中自己的注意力，了解自律和规则的含义，只有这样才会有幸福的人生。

他们要注意在人生的道路上每一步都稳扎稳打。冲动固执的个性也可能会阻碍他们成长，他们生气的时候往往会说气话，过后又后悔不迭，因此要注意讲话的分寸。如果保持乐观积极的态度，他们一定会有一个舒适的家庭和财务的保障，获得遗产的几率也很高。

24号

24号出生的人很有责任感，喜欢帮助别人，可以成为纷争双方的调停人或者和平使者。他们全心全意地投入到自己的家庭中去，喜欢保护和管理自己的家人。

这天出生的人天性敏感，很重感情，爱是他们生活中不可或缺的一部分。他们喜欢付出，也希望回报，能说会道，在公共关系方面比较擅长。他们风趣迷人、体贴入微，可以得到大家的喜爱。他们十分注重家庭，喜欢表现自己的爱，能够给周围的环境带来平衡与和谐，通常有治疗和艺术方面的才华。

24这个数字也代表有些过度敏感，甚至有些煽情。在情感的话题上，他们通常会放大自己的感受，要是别人批评自己反应就更大了。他们愿意为了重要的情感纽带牺牲自己，愿意倾听别人的伤痛，成为别人可以依靠的肩膀。

他们精力充沛，有责任心，愿意帮助他人。不过有的时候掌握不好度，反而会干涉别人的感情，让自己陷入麻烦。他们要明白人际关系的界限，也要避免让别人过度利用自己的同情心。他们很有艺术才华，在表演和戏剧方面尤其如此。另外，由于他们做事井井有条、细致认真、耐心十足，做生意也会取得成功。不过有时会有些脱离现实，需要别人给出恰当的意见。

他们是可靠的朋友，忠实的伴侣。别人都乐意帮助他们，让他们的才能得到充分发挥。

25号

25号出生的人会受到数字7的影响，容易对科技以及其他复杂难懂的学科产生兴趣，成为一个完美主义者或者一个对于细节极其挑剔的人。

他们的逻辑性和直觉都很强，做事理性负责。他们有深刻的情感，不过表面上却看不出来。25这个数字代表了内向、注重隐私以及不易变通，对待朋友的态度十分保守和谨慎。他们创意强，常常能够独辟蹊径。他们思维敏捷，讲究理性，很有洞见，习惯用逻辑思维和头脑智力来面对生活。他们有出众的直觉，如果学会运用这个才能的话，生活会给予他们更多的馈赠。

他们善于深入钻研和调查某个课题，分析能力出众，可以透过表象看本质。他们能够快速找到相关的事实和信息，深入了解一件事情，从而做出明智的决定。因此无论在科学、教学、哲学、玄学还是心理学上都可以取得成功。

这天出生的人不要过度依赖头脑而忘了心灵。如果仅仅依赖头脑的分析，只会变得清高冷漠，喜爱批评，甚至愤世嫉俗。不要让头脑主导了自己的生活而忘了人类最基本的品质，也就是理解和关心、同情和爱护。

他们喜欢独自工作，按自己的步调来，做事希望有始有终。他们在很多艺术门类上都有发挥的空间，特别是在雕塑上面。

他们非常敏感，感情深厚，只是不愿与别人分享和交流自己的情感。对于他们来说，要学习如何建立和维护一段深入持久的亲密关系，以及和别人分享自己的情感和对生活的感悟。信任是他们得到感情幸福的关键。

26号

26号出生的人会受到数字8的影响。他们容易在生意场上取得成功。因为既有2又有6，他们擅长和别人打交道，组织能力、管理能力以及统筹能力都很强。他们很会管钱，效率十足，野心勃勃，精力充沛，善于合作，适应力强。他们做事尽心尽责，不害怕承担责任。

他们懂社交，讲技巧，喜欢说服别人接受自己的观点，不喜欢一味施压。他们既懂宏观，又注重细节；即能开创，又能坚持；既讲理想，又讲实干，希望寻求物质上的满足。他们对金钱有良好的嗅觉，在做生意方面很有天分。他们极具开创性，胆子大，有想法，判断力精准，想掌控一切。他们是优秀的经理人和组织者，有远见，不太注重细节，做事十分有效率。能够接手大型项目、公司以及商业活动。

他们是现实主义者，很有自信，野心勃勃。但在追求物质的时候不要忘记人类最基本的素质，如同情心、同理心以及爱心。不要因为生意场的影响而对周围的人冷漠无情。不要觉得生活除了自相残杀之外没有别的意义。每一个人降生到这个世界，都有其命定的才华和责任。因此要善意对待周围的人，同别人分享对生命的感恩。

这天出生的人是别人可以依靠的对象，对自己的期待也很高。他们渴望社会地位，因此会买很炫的车或者很贵的房子来表现自己物质方面的成功。他们讲究排场，喜欢炫耀。

他们对自己拥有的东西充满了自豪，喜欢搜集东西。他们个性强势，喜欢指手画脚，控制别人，对别人或自己的缺点基本上没有什么耐心，很容易对人失望。生活总是喜欢将他们打倒，然后看看他们有多少勇气和毅力重新爬起来，是不是有足够强大的内心和勇气克服来任何困难。这天出生的人不太喜欢表达自己的情感，对他们来说，忘记过去是一件非常艰难的事情。他们对人慷慨，愿意帮助危急中的人们，能够成为一名慈善家，一个地区的支柱。

27号

27号出生的人会受到数字9的影响。他们具有一种无私的品德和人道主义情怀，与人共事会非常愉快。虽然如此，他们也需要自己的空间进行一些私人的冥想。无论主命数是几，他们博爱和慈悲的本质不会改变。

这天出生的人思维开阔，包容性强，慷慨大方，有合作精神。为了达到自己的目的，他们会说服别人，而不是强迫别人。他们能轻易觉察别人的需求和感想，愿意付出，不期待回报，天生就是一名出色的领导或者高效的经理人。他们很有创意，对人性的了解非常深入，能够很好地组织和激励他人，在政治、宗教、艺术、法律方面尤其擅长。

他们思维开拓，应该在多个领域接受教育，尤其是在艺术领域。许多伟大的艺术家都受此数字的影响。他们有些大器晚成，在定下来做什么之前会经过长时间的历练。他们需要体验不同的人生，和不同的人打交道，这样才能够找到适合自己的领域和专长。

他们交游广阔，此生会游历不同的地方，经过各种人生的变化。他们本质上对人类都怀有深深的慈悲，希望通过自己的努力改善人们的生活，比如自己生活的社区、国家甚至整个世界。他们最深的满足感来自于完成某项使命，为人民服务。他们可以很好地表达自己的情感，有时略带夸张；外表冷静，有一种贵族气质。不过，如果得不到大家的认同，比如父母、同事或者上司，他们都会有一种挫败感。

他们应该学习接受和宽恕。要懂得什么是真正的牺牲，放弃任何负面的想法，要知道任何复仇的想法都会反过来伤害自己。要让自己的生活充满灵性和哲学的思考，当然，想在这个物欲横流的社会中保持精神的安宁和独立是相当困难的。

这天出生的人可以考虑从事服务类的行业，他们为别人做得越多，自己在物质和精神上得到的也越多。

28号

28号出生的人会受到数字1的影响。他们独立性很强而且精力充沛，具有强大的执行力和领袖气质。这天出生的人意志力坚强、很有自信、做事也相当具有独创性。

和别的数字1的能量不同，28号出生的人不但擅长开创一个项目，也擅长执行和完成一个项目。他们既注重宏观，也注意细节。他们惯于压抑自己的情感，比较强势，总喜欢占主导地位。他们拥有杰出的领袖才能，最好通过团队合作得以展现。他们也善于说服别人，不喜欢强迫他人。

他们做事不循常规、有点完美主义、非常独立、野心勃勃。他们虽然很有自信，还是需要别人的鼓励。他们思维敏锐、分析力极强，拥有出色的管理才能。他们很善于做计划，也善于指挥和组织一个团队实现这个计划。这天出生的人很不喜欢循规蹈矩的生活，那样的环境让他们觉得压抑和沉闷。他们乐意承担风险，从心底来说，他们是一位开创者，希望战斗在事业的前线。一旦开创了某个项目，他们则喜欢交给别人打理，自己再去寻找其他的机会。也就是说他们善于开创，对于日常的运营则兴趣不大。

这天出生的人一旦认定一个观点就会咬定青山不放松，当然他们自己不会承认自己的固执。他们喜欢捍卫自己的观点，不喜欢改变。他们的个人风格非常强烈，很难妥协。他们是非常忠实的朋友，愿意为他人付出，喜欢表达自己对别人的爱。不过另一方面，他们脾气火暴，特别容易大发雷霆。他们很有创意，能够为自己的观点找到相应的论据，是辩论能手、销售专家。

只要善用自己的决心和创造力，他们完全可以取得不俗的成就和财务上的成功。

29号

29号出生的人天生有一种理想主义情怀。他们的想象力和创造力都十分丰富，不适合经商。他们的觉知力很高，非常敏感，有出色的直觉和分析能力。29 的个位数字和十位数字相加为 11，这个数字是卓越数字之一，拥有这个数字的人往往容易情绪紧张。这天出生的人是梦想家，而不是实干家，不过他们与人相处都非常愉快。这天出生的人应该去看一下 11 号出生的人具有哪些特质。他们直觉很强，极具创造力，事物在他们脑海中是一幅幅的画面。他们的信息和点子那么多，灵感取之不竭用之不尽。他们很有灵性，懂得世间的一切事物是一个不可分割的整体。他们渴望追求精神生活，无论在现实世界中从事什么岗位，对于精神和哲学的追求都是他们日常生活的一个中心。他们和宇宙的力量紧密相连，这一点是无可改变的。

他们头脑敏锐、很有洞见，一般不以逻辑和理性思考来指导自己的生活。灵感和直觉往往是他们对待生活的方式。

某种程度上，他们明白自己的命运被宇宙所掌控，他们也明白必须敬畏这种力量，让这种力量指引自己的人生。他们通常大器晚成，35 岁之前的发展都比较慢，通常会给人做帮手和学徒。这个期间因为发展太慢或者没有什么发展，他们通常都会觉得十分沮丧。他们需要信念的支撑，虽然自己的能量极强，但是要让潜能真正发挥出来必须先好好发展自己的个性和判断力。就像大树的根深深扎于地下，他们也需要深入发展自己的潜力和完善自己的性格，这样才能够开阔自己的眼界，扩大自己的领域。

他们直觉很强，因此非常适合做顾问、治疗师或者与健康相关的职业。他们很有远见，别人会被他们的智慧感染，受到激励。很多时候他们自己都不知道究竟有多少人在仰慕他们。

他们极度敏感，非常容易受环境的影响。他们热爱美丽的事物，热爱和谐，喜爱社交，喜欢成为众人的焦点。他们非常情绪化，时常经历大悲大喜，很容易受到伤害，也很容易沮丧，在情绪低落的时候对自己没有信心。尽管如此，他们也具有相当的领导才华。他们谦虚谨慎、礼貌周到、很会说话。他们可以说服别人，让人无法拒绝。

他们待人热忱友好，十分体贴。只要不刻意追求名利，名利会自动找上门来。他们善于找到帮助别人以及传递大量信息的方法，这是他们的天赋。这也会带给他们应得的物质和精神收获。

30号

30号出生的人非常需要表达自己，这样他们才能够得到快乐。他们对于语言十分擅长，能够清晰明了地表达自己的意见，在需要言语表达的领域都比较容易获得成功。

他们很有舞台表现力，天生具有模仿才能，可以成为一个成功的演员。他们极具想象力，能够成为一名很好的作家或者讲故事的人。他们总是认为只有自己的观点才最正确。他们感兴趣的东西太多，因此精力分散，导致手边有很多工作，结果很多都完不成。

他们很有艺术天分，创意很强。他们本质上是艺术家，无论在写作、视觉艺术还是表演上表现都很出色。所以如果你在30号出生，而没有在这些领域发展的话，真的是可以考虑在业余时间钻研一下呢。

这天出生的人想象力丰富，聪明机智，幽默风趣。他们对人热情，很有魅力，做销售是最适合不过了。他们天性友好，爱交朋友，温柔亲切。他们就是一个魅力电场。不过这天出生的人也较容易忧郁，情绪上会大起大落。

他们无论做什么事情都有一种协调美和艺术美。从穿着服饰到装饰家居，无不体现了这一点。他们对侍弄花草也十分在行，甚至可以成为很棒的室内设计师和厨师。

这天出生的人不要将自己的才华浪费在过度社交上，要集中注意力，讲究纪律性，不要在过于琐碎的事情上浪费时间和精力。要牢记自己的长期目标。

31号

31号出生的人是一名好的组织者和经理人。他们充满活力，能够让人信任，容易在生意场上取得成功。他们做事认真、对人真诚、很有耐心、意志力强，因此很容易达到成功。

他们做事很有原创性，也容易僵化固执。虽然非常敏感，却常常压抑自己的情感。他们注重细节和精确度，也容易精力分散。他们想法实际，但也有自己的梦想。他们喜欢旅游，不喜欢一个人待着。他们应该早点结婚，因为责任感对于他们的安稳十分重要。他们喜爱家庭，尊重传统，重视社区。他们工作努力，注重细节，很有决断力，是任何公司的基石。

他们喜欢实际而稳定的东西。另外，他们还具有相当的艺术才华，表达能力出色。他们热爱自然，因为自然是一切美和形式的根源。他们注重细节，是天生的组织者和经理人。他们工作努力，认真负责，不计时间。他们注意力集中，有时会工作得忘我。这天出生的人应该避免太注重工作而忘了生命中那些简单的快乐。

同事认可他们的能力，喜欢依靠他们。不过讽刺的是，他们总觉得还没有找到适合自己的工作，不知道自己应该往哪个方向努力。他们可能会觉得自己的潜能埋藏得太深，没有得到应有的开发。因此他们会尝试各种不同的工作，寻找真正适合自己的领域。对于他们来说，挑战在于如何将手边的工作做好。

这天出生的人必须认同手边的工作，最大限度地利用眼前的机会。宇宙一直在指引他们，需要培养的只是自己的信念，要活在当下，懂得当下的力量。否则只会频繁跳槽，或者频繁更换男女朋友。要学习使用自己有限的耐力和决心。

这天出生的人不太容易接受新的想法和创意。他们要勇于接受新鲜思维，勇于挑战安稳的生活，否则生命有可能如一潭死水，毫无生气。

对他们而言，成功的关键在于尊重秩序和纪律，以及最大限度地利用生活中出现的每次机会。

第六章
特别的数字

数学是无穷的科学。

——外尔（H. K. H. Weyl），德国数学家

卓越数字

许多灵数学的课程和书籍都认为11、22、33、44等数字和别的数字不一样，称它们为卓越数字。很多玄学流派宣称拥有卓越数字的人具有导师特质，他们是为了完成某些特殊的使命而来。

卓越数字不仅会出现在一个人的生日中，也会出现在主命数（所有生日数字加起来的总和）与名字当中。据说如果出生的当天或者主命数是卓越数字的话，这些人比其他人更有才华。这是因为单个数字的能量被强化了。比如数字11有两个1，那么1所代表的力量就会加强。

不管上面的说法准确度有多高，通过我个人的观察和研究，我发现拥有卓越数字的人通常在自己的生命中会经历更多的挣扎。他们在真正“觉醒”成为导师之前，需要经历种种生命的历练，来克服自己的各种问题和弱点，从而消除自身的自大倾向、负面情绪以及脆弱的情感。

据说拥有卓越数字的人会在科技、医药、教育、艺术、宗教或者精神领域方面对社会做出更大的贡献。他们中的许多人会帮助和引导周围的人，从而完成自己的使命（尤其是在这个世纪）。不过并不是所有的人都能够完成自己的使命，他们可能会受到种种因素的影响。只有打开自己的心扉，敞开自己的心灵，愿意一步步去寻找答案，去学习去钻研，他们才会有机会实现真正的“觉醒”。

11：心灵导师

11 这个数字在生日中比较常见。数字 1 代表了领导力、勇气、独立、自信、意志力、创造和创新能力以及纯粹的能量；两个 1 放在一起，刚才提到的能量都会增强。拥有这个卓越数字的人通常个性急躁，没有耐心，喜欢大惊小怪，爱批评人，对别人的期望都很高。

如果能实现真正的“觉醒”，这天出生的人会激励、教导和指引他人达到自己的梦想。1 加 1 等于 2，这意味着他们可以成为一座桥梁，将知识传递给他人。同时，这个数字也意味着强大的直觉，与我们的高层意识紧密相关，它代表了物质世界和宇宙智慧的融合。11 这个数字也代表了一个有远见的领袖。

拥有这个数字的人必须学会达到和谐与内心的宁静。他们要培养自己的耐心，注意表达方式，不要因为别人和自己的观点不同而过度沮丧。

举个例子：

香港首富李嘉诚先生出生于 1928 年 7 月 29 日（生日数字是 29，2+9=11）。如果再将他生日的所有数字相加，1+9+2+8+7+2+9=38，然后将所得之和进一步相加成个位数，则 3+8=11。他的生日是卓越数字 29/11，而主命数也是卓越数字 38/11。38 和 29 这两个数字，虽然加起来都是11，但具体含义并不相同。3代表创造力、哲学性以及拓展性，而8代表意志力、工作勤奋以及慈善活动。我们发现，这两个数字和李嘉诚先生的才华与能力十分匹配。29则不同，2代表直觉很强，有和平主义者以及外交家的品质，而9代表了同情心、激情以及雄心壮志。因此拥有29这个数字的人们，会更容易走向灵性的道路。

李嘉诚先生的生日非常特别，其中包含了两个卓越数字。他出生在29日，为人和善谦虚，虽然已是功成名就，生活却依然十分简单。两个卓越数字赋予了他智慧和同情心，此外也使他充满力量，极具远见和谋略。

我们曾经提过，拥有卓越数的人，在其童年和成年早期通常要比别人遭受更多的苦难和挫折。他们会遇到各种困难和挑战，在这个过程中，他们不断学习，不断积累智慧，最终将破茧而出，取得巨大的成就。对肩负着两个卓越数重担的人们来说，李嘉诚先生就是一个光辉的榜样。

我们从他的自传中可以了解到：李嘉诚先生15岁的时候，因为父亲的突然去世不得不辍学打工。他的人生经历了种种挫折、磨炼和辛苦，才取得了今天我们所看到的成功。

提到李嘉诚先生的成就，哈佛商学院曾经有一篇文章中说："出身低微，是一名教师之子，曾身为难民，曾到处推销。他适应性强，诚实正直，给我们提供了一个光辉的榜样。他兢兢业业，恪守内心的道德准则，创建了一个伟大的商业王国，经营范围涵盖金融业、建筑业、房地产、制塑行业、手机生产、卫星电视、水泥生产、零售终端（药店和超市）、酒店业、国内交通（空中列车）、机场、电力、钢铁制造、以及港口运输。除了生意上的成功，他还是一名慈善家，为亚洲的众多学校捐款。"

22：企业家导师

拥有卓越数字 22 的人被称为企业家导师，他们身上数字 2 的能量非常强。这些人工作能力超群，在任何组织机构中都能表现得精明强干，组织性强。此外，他们还善于处理和解决大型的项目和难题。不过因为数字 2 本身带有一种情绪化的倾向，两个 2 更加强化了这一点。因此拥有数字 22 的人通常性格急躁，自我怀疑，还会夸大自己的问题，滥用别人给予他们的权力。

如果他们获得真正的“觉醒”，通常可以建造成功的商业帝国。他们非常坚韧，善于管理，可以精确地评估眼前的环境。他们也很有远见，明白事理，做事实际，经常先考虑别人的需求，把自己的需求放在最后。

举个例子：

达斯汀·莫斯科维茨（Dustin Moskovitz，美国企业家，全球最大的社交网站“脸谱”——Facebook——的创建者之一）出生于 1984 年 5 月 22 日，他拥有卓越数字 22。我们还注意到 22 的个位数字和十位数字相加等于 4，而将他的出生年月日全部相加得到的结果也是 4（1+9+8+4+5+2+2=31/4）。数字 4 一向是与 IT、工程、建筑、建造、产权等行业相关的。

达斯汀的数字和李嘉诚稍有不同。他只有一个卓越数字，也就是他的生日 22。卓越数字的位置对人有巨大影响，尤其是当他们出现在生日中的时候。22/4 的人内心冲突十分严重，经常怀疑自己的能力和才华，同时对自己和他人的期望非常高。

22/4 的人一旦克服了自己的弱点，能够不再怀疑自己，管理好自己的情绪，并且可以有条不紊地工作，那么这个卓越数字的能量就会真正发挥出来。和这天出生的人一起共事不是一件容易的事。而在这天出生也意味着生活不会顺顺利利。活出这个数字的能量，就会有非凡的组织技能，头脑冷静，懂得自律，并且可以坚持达到目标。

毫无疑问，达斯汀·莫斯科维茨的成功源于他坚定的信念。“脸谱”网站创建初期，他作为公司的副总裁领导技术团队搭建了网站的内部系统，并为公司的未来发展制订了相关战略。2010 年达斯汀·莫斯科维茨成了福布斯富豪排行榜上最年轻的亿万富豪之一。

33：治疗导师

相比数字 11 和 22，卓越数字 33 比较少见。数字 3 通常代表了任何形式的沟通、创造力、哲学、旅行以及学习。两个 3 放在一起，上面提到的能量更加强化了。另外数字 33 的个位数字和十位数字相加得 6，数字 6 通常代表的是母性、自我牺牲、艺术气质和所有美丽的事物。拥有数字 6 的人通常被称为“保护者”，他们有些完美主义者的倾向。数字 33 的能量过于强大，拥有这个数字的人通常也比较自我中心。

如此说来，33/6 的缺点就在于武断，暴烈，无法忍受别人的成功，听不进去别人的观点，嫉妒他人的财富。他们也会变得不喜欢付出，自私而冷酷无情，即使对家庭成员也同样如此。他们也会非常情绪化，很难接受别人的任何批评和建议。

他们一旦“觉醒”会变得十分真诚大方，拥有父亲或母亲般的慈爱。他们也会发挥自己的同情心和灵性，成为很好的教师或顾问，为人类的福祉而努力。

“治疗导师”通常很有耐心，他们能够治愈别人的伤痛，给周围的人带来幸福。他们热爱人类，为了大众的福祉不惜牺牲自己，让后人铭记。

举个例子：

阿尔伯特·爱因斯坦是举世闻名的物理学家和哲学家，他是拥有瑞士和美国国籍的德国人，诺贝尔奖的获得者，被称为现代物理学的奠基人。他因理论物理学领域的研究，特别是因发现光电效应而获得1921年的诺贝尔物理学奖。

爱因斯坦出生于1879年3月14日。将他的出生年月日加起来，我们得到的是：1+8+7+9+3+1+4=33/6。也就是治疗导师的数字33。

拥有这个卓越数字的人善于付出，因此主命数是33/6的人十分适合教书育人。我们都知道爱因斯坦是柏林科学院的教授，他喜爱教学，分享知识，并将其传递给下一代。

拥有33的人对他人的需求十分敏感，能够通过自己的职业给别人带来关怀和安慰。33这个数字最终归结为6，而6升华之后就是33。6代表声音，因此拥有33这个数字的人通常会成为伟大的演说家和教师。

爱因斯坦热爱科学，同时也明白科学既可以帮助人类，又可以毁灭人类。这一点最明显的例子就是他曾经提醒过富兰克林·罗斯福总统，鉴于德国有可能在研制原子弹，美国也应当进行这方面的研究。虽然他支持盟军的行动，但是却强烈反对将核技术运用到武器上面。他深知核武器可能对人类和地球带来的毁灭，因此反复强调其危险性。

因果数字

据说灵数学中的某些数字携带着一些上辈子未结的因缘。也许宇宙的最高意识想让我们通过学习来了解和完善真正的自己，因果数字的出现表明，我们必须在这辈子学会上辈子欠缺的某些品质。不管是不是这样，因果数字所代表的挑战性比别的数字都要强。如果一个人拥有因果数字，那么此生面临的挑战和变数会特别多，直到达成最终的能量平衡。

因果数的出现一定要引起我们的重视。我们要了解它在自己生命的哪些方面产生了影响，要厘清因为它们的出现都造成了哪些混乱。另外我们还必须要提醒大家，卓越数字和因果数字都要拿出来单独对待，比如 11 和 22 是卓越数字，就不能将 11 视为 2，22 视为 4。只有这样才能够保证精确度。

因果数 19 / 1

如果一个人的生命灵数含有 19（最终 1+9=10，1+0=1），表明此人拥有一个因果数。19/1 的人需要避免过于自我，要学习控制权力。数字 1 的自发性很强，拥有 1 的人不应该仅仅注意自己的需求，还需要考虑别人的想法。数字 1 还代表独立、冒险、自发性、原创性、决心、个人主义以及目标导向。如果这些能量处于一种不平衡的状态（不管是过多还是过少），这个人就会变得自大、强势和武断。有意思的是，我们反而在矛盾冲突最严重、对比最强烈、自己最不愿意去面对的地方学得最快。在这样的环境中锻炼过后，才会真正达到一种内在的平衡。

举个例子：

美国前总统克林顿出生于1946年8月19日。他的因果数为19，因此他应该学习控制权力，不要滥用职权。

为了进一步了解因果数19的含义，我们将其拆开。19中的1表示自己，9代表大众。将19加成个位数后还是1，加强了自我的含义。因此这个最终决定数字1，显示了利用和控制他人达到个人野心的含义。也许19日出生的人前世曾经利用过别人达成私欲，因此这一生他们会遭遇到这方面的挑战，尤其是当他们这一生位高权重之时。

19这个数字的力量很强，代表了强烈的自我和自尊，同时这个数字也和成长、扩张和压力联系在一起。如果无法善用这个数字，往往会在成功之后遭遇失败，或者给他人带来痛苦。比如说克林顿，19这个数字就考验了他的自制力、情绪以及掌握权力的能力。我们可以看到，克林顿当政期间是美国历史上的一段和平期和经济繁荣期。然而，尽管克林顿取得了巨大的成就，他却因莱温斯基丑闻，在任职期间因伪证和妨碍司法公正而被弹劾。这个事件多少可以让我们看到因果数19会如何滥用权力。19日出生的人要学会管理自己的情感，尊重别人的需求，懂得运用自己手中的权力。

因果数 13 / 4

如果一个人的生命灵数中含有数字13（13的个位数字和十位数字相加等于4），这也代表了另外一个因果数。13/4的人虽然受到数字4的影响，但是他们应该学习和接受的反而是数字4所代表的一切品质。13/4的人通常会感到一种

局限和限制。鉴于数字 4 代表注意力的集中、注重组织管理和实际应用、为人保守、喜欢奉献，以及做事高效，如果一个人能够将这些品质应用到生活的各个方面，他一定会取得更大的成功。因此拥有因果数 13/4 的人需要学习如何将这些品质融合起来，达到一种和谐的状态，从而取得更高的成就，这样那些限制将不复存在。

举个例子：

据说 13 日出生的人前世懒惰，因此今生需要学习相应的功课。1 代表自我、创造力，3 代表喜悦、开心、幻想，两个数字结合起来暗示了前世一味逃避问题、享受人生的态度。这两个数字加起来是 4，代表今生必须要直面和亲自解决问题的含义。当 13/4 的人愿意面对问题，承担责任并且付诸努力，他们会取得令人惊叹的成就。

演员哈里森·福特出生于 1942 年 7 月 13 日。他曾主演《星球大战》三部曲和《印第安纳·琼斯》。

哈里森·福特对表演兴趣浓厚，参加了当时全是女性的表演班。后来他应聘做演员，但是并不成功。据说，他甚至惹恼了电影导演杰里·托科夫斯基，后者断言福特没有天分，无法成为一名成功的演员。福特说话直率，直截了当，这点我倒是不惊奇，因为他的核心数字 4 就代表了这样的含义。

年轻的福特起步艰难。他找不到适合的角色，而且要努力养家。后来他决定自学，成为一名木匠。将他生日的所有数字相加：1+3+7+1+9+4+2，我们可以得到他的主命数为 9。对这样的数字来说，家庭的压力总是比别人要大。主命数为 9 的人对自己的家人有非常强烈的保护欲。他们善于适应环境，能够快速学习。福特工作拼命，又会做木匠，后来有人让他为星战系列电影的制作人乔治·卢卡斯做一些柜子，就是这样一个机遇彻底改变了他的事业和人生。

13号出生的人必须学习守纪、勤奋和努力。我相信哈里森之所以能够取得这么大的成功，就是因为他用自己的决心、毅力以及勤奋将自己出演的每部影片都演绎成了经典。

因果数 14 / 5

如果一个人的生命灵数中含有14（14的个位数字和十位数字相加等于5），这也代表了另外一个因果数。14/5的人虽然受到数字5的影响，但是他们更应该学习进步、自由和变通。拥有这个因果数字的人上辈子没有好好地理解和利用数字5的潜能和才华。他们容易生气，容易丧失注意力，因此很难完成一个项目。他们早年的性格没有得到平衡的发展，不是不足就是过度。他们也容易冲动，喜欢放纵自己。不过生活总是会给每个人带来各种各样的学习机会，它会教导拥有14/5这个数字的人如何善用这个数字的能量。

举个例子：

14这个数字会给人带来严酷的试炼，让人经历挫折，从困难中学习。1代表自我、创造力，它必须学习数字4所代表的稳定、诚实的品质，才能够理解和运用数字5所暗含的自由、冒险和喷薄的能量。

数字5在1-9的中间，它也被称为感官数。如果一个人的生日含有这个数字，又不懂得善用它，那么就会沉迷于声色犬马等各种感官享受，甚至毁掉自己的健康和家庭。数字5的负面特质包括了分离、容易失望以及不安于室。拥有 14 这个数字的人容易冲动，做事不考虑后果，必须自己去体验和经历才会真正学习到应有的功课。在亲密关系上的课题尤其如此。

通过多年生命数字咨询的经验，我发现出生在 14 日的人更容易发生婚外情或者其他非正常的关系。

然而，数字 5 的正面特质也同样强大，它包括了理解能力、分析能力以及获取知识的能力。如果拥有数字 5 的人能够克服感官享受的诱惑，并且将他们出色的头脑用在内在成长上面，他们的生活将取得巨大的成就。

威尔士亲王查尔斯王子出生于 1948 年 11 月 14 日。大家都知道查尔斯王子和已故戴安娜王妃之间的婚姻非常不幸。1981 年，两人在全球观众面前举行了一场世纪婚礼。接着，戴安娜王妃于 1982 年和 1984 年生下两个儿子，分别是剑桥公爵威廉王子和威尔士哈里王子。后来，关于他们之间婚姻出现问题的流言甚嚣尘上，两人于 1992 年正式分居。戴安娜王妃随后在电视上公开指责查尔斯王子和卡米拉的婚外情，而查尔斯王子也在电视上承认了这一点，最终两人于 1996 年正式离婚。如果查尔斯能够正确处理自己与生命中这两位重要女性的关系，就不会出现如此多的问题了。对他来说，这是一次沉痛的教训。他最终有勇气承认自己和卡米拉的感情，并最终娶了她，还是令人欣慰的。

出生在 14 日的人必须要找到自己的勇气，学会为自己的行为负责，不要在困难面前当逃兵。

因果数 16 / 7

拥有这个因果数的人通常会在人际关系上遇到困难。他们生就一种孤独感，

总觉得自己被孤立，总是在亲密关系上遇到困惑。他们比较内向，觉得自己与周围环境格格不入，有时会显得比较自私。不过如果能修正自己的偏见，了解宇宙的真理，他们还是可以达到内心的平衡。

拥有这个因果数字的人在处理人际关系时，不能自我中心，要多付出，让别人感受到自己的真诚，避免被他人误解。

举个例子：

据说16日出生的人前世曾“毁掉”或“恶意拿走”了他人的幸福。（一般是作为第三者。）一些人会觉得很难接受这样的说法，然而这是前世的错误，除非16日出生的人学会如何处理类似的情况，否则他们还会在今生接受试炼。

数字1代表自我、创造力，数字6代表给予、服务、爱，这两个数字有冲突的地方。拥有这个数字的人可以活出数字7(1+6)最好的一面，也可以活出它最坏的一面。数字7代表敏锐的思维能力和分析能力，它善于制定战略，洞察一切，很有灵性；然而它的负面能量也不容忽视，拥有这个数字的人不太容易相处，容易态度冷淡、愤世嫉俗。因此数字16代表的含义就是将1和6的能量融合在一起，活出数字7的最佳状态。

每当我遇到一个不易相处的陌生人，看到他们对人冷淡，看人总是用怀疑的眼光，我的直觉总是告诉我这个人的生命数字图中一定有7（尤其是16）的影响。基本上我猜的都没错。对于拥有数字7、16或者25的这些人来说，他们必须要先观察别人如何表现，才会决定自己要不要“相信”别人，放下心来与别人“交流”。让他们敞开心扉还是要花一段时间。而一旦他们对你敞开了心门，你就会发现他们是自己朋友之中最有趣、最聪明的人。这些人经常面临“信任”的内在挣扎，因此常常在个人的情感层面有许多问题。

美国流行天后麦当娜出生于1958年8月16日。她的母亲在她很小的时候就因病去世了，从那以后，麦当娜总是担心失去自己心爱的人。她的父亲后来再婚，这件事让她更加远离人群，封锁自己的心门。老师和同学都认为她非常聪明，很有天分。她的所有科目基本都是A，这点并不令人奇怪，因为16/7的人智力非常高。她的行为也因怪异而出名，比如在学校走廊做侧空翻，或者故意掀起自己的裙子，让男孩子们看到自己的内裤。

后来，麦当娜的事业取得了极大的成就，让人赞叹不已。她不仅是一名歌手、词曲作者、音乐制作人、舞者、演员、电影制作人，还是一名时尚设计师、作家和企业家。她在无数的明星中脱颖而出，得益于她的天分、努力和坚韧，我们毫不怀疑这一点。生日数字16/7加上她的主命数字38/11/2 (1+6+8+1+9+5+8)，给她带来了声望和激励别人的力量。请注意她还有一个卓越数。在她职业生涯的后期，麦当娜受卡巴拉灵性主义极大的熏陶，这点可以从她后期的音乐作品中看出来。然而，麦当娜的感情却不太顺利。她离了两次婚，有过一些复杂的关系，都没有结成正果。

16号出生的人必须信任自己的爱人，对自己的亲密关系保有信念。他们还要注意措辞的方式，不要在自己和周围的人之间竖起一座高墙。

第七章
成长 / 态度数字

数学的本质在于它的自由性，不必受传统观念束缚。

——康托（G. Cantor），德国数学家

如何用自己的生日计算生命灵数

生日中的每一个数字都非常重要，但是我们需要注意的是三个核心的数字，即性格数字、成长 / 态度数字和主命数字（也称为路程 / 才华 / 功课数字）。主命数最简单的计算方法就是将生日中的所有数字依次加总直至成一个个位数（详见 P100 例）。

性格数字（出生当日的数字加起来的和）代表一个人的长处、短处、性格、喜好、憎恶以及情感。具体解释可参见第五章。

成长 / 态度数字（出生的月和日加起来的和）代表一个人的观点、态度以及与人初次交往时的行为方式，也代表一个人的成长环境对他所产生的影响。

主命数字（出生的年、月、日加起来的和）是今生需要完成的旅程。出生时每个人都被赋予了不同的才能，在漫漫人生旅途中，我们需要获得必要的知识和技巧来完成自己的使命。

不同的数字代表了需要学习的不同功课。我们必须认识到自己需要学习的是什么，以便更好地管理自己。通过了解自己的主命数，我们就能更清楚地认识自己的优缺点，它会协助我们的人生走得更加顺畅。

举个例子：

“贝嫂”维多利亚·贝克汉姆出生于 1974 年 4 月 17 日。她是前辣妹组合的成员，不仅是足球巨星的妻子，也是时尚界特立独行的偶像。她穿梭于时尚圈和娱乐界，成功推出自己的香水、设计、服装系列，并且代言时装和内衣广告。她还客串热门美剧，真是镁光灯聚焦的头号人物。

她于 17 号出生，因此她的性格数字的计算方法是：1+7=8。

她于 4 月 17 日出生，因此她的成长 / 态度数字的计算方法是：4+17=21，2+1=3。我们一般简写为 21/3。请注意，成长 / 态度数字的计算方法有其自己的规律，它不是数字的逐一相加，而是直接将月份与日期本来的数字相加，无论是一位数还是两位数。

将她的出生年、月、日加总，我们可以得到她的主命数字，即 1+9+7+ 4+4+1+7=33，3+3=6。我们也同样简写为 33/6。

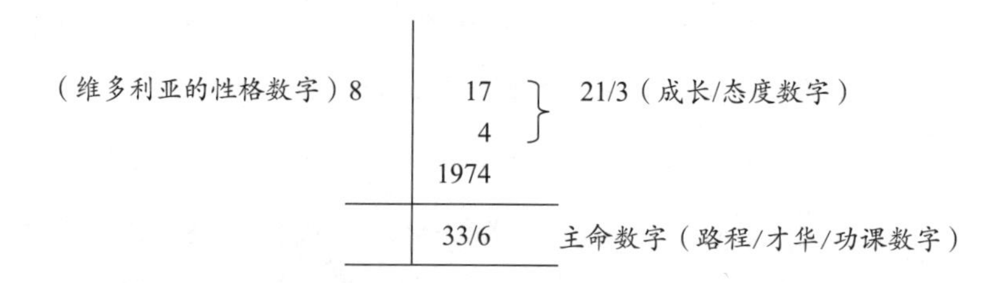

下面我们来总结一下维多利亚的生日所蕴含的数字及其含义：

维多利亚·贝克汉姆的性格数字是 17/8。数字 8 所代表的含义是能力很强、办事实际、不拖泥带水。她知道自己要什么，无论走到哪里都是一个发号施令的角色。如果她想得到某样东西，就会坚持到底。她的这个数字 8 背后是由数字 1 和 7 组成的，这代表了创意、创新以及精明，说明她分析能力极强、很有原创性和商业眼光。

她的成长 / 态度数字是 21/3，这表明她本人相当聪明而有魅力。其另一层含义是她早年的时候常常不被人当回事；还表明她性格甜蜜、有艺术细胞、爱做梦、很有幽默感，而且对于周围的人（特别是她周围的人）有很大的影响。这组成长 / 态度数字显示在她的成长过程中有很多旅游的机会，而且很受大家欢迎。

她的主命数字（路程 / 才华 / 功课数字）是 6，这表明她的人生充满了艺术、创造、音乐和美。另外她富有母性，人生充满了爱。这个数字也预示了她不仅有唱歌、作词、表演方面的才华，还能够在时尚方面做出一番事业。另外这个数字也预示了她会成为三个儿子的好妈妈，总是十分迷人，而且具有良好的品味。

她和丈夫贝克汉姆经常为慈善事业慷慨解囊。这点可以从她的主命数字，也就是卓越数字 33 看出来。这代表了她会为这个世界做出治疗和人道主义方面的贡献，应该会在她生命的后半期逐渐显现出来。

成长 / 态度数字（出生和成长的环境对你的影响，你给人的第一印象是什么）

1

成长 / 态度数为 1 的人是天生的领导者。他们十分独立，不断地激励自己前进。不过，他们自尊心太强，常常觉得自己不够出色，因此需要经常听到别人的鼓励。如果周围的人对他们很有信心的话，没有什么是他们做不到的。反之如果受到抨击，他们会选择为自己反击和辩护。

大部分成长 / 态度数为 1 的人非常独立，喜欢一个人待着。虽然很受大众和朋友们的欢迎，他们还是喜欢自己一个人吃饭、看电影或者休息。无论是家里的老大、老二，还是老幺，他们总是在很小的时候就负担起整个家庭了。

成长 / 态度数为 1 的人喜欢能够给予他们自由的工作，最好能够发挥他们的创意和领导力。他们很有主见，小的时候就想着长大了自己当老板、当领导。

2

成长 / 态度数为 2 的人个性非常随和，观察力和灵性都很强。也许他们亲身经历过灵异事件，也许昨天做的梦今天就发生了，也许对于即将发生的事情有预感，等等，因此学习玄学对他们来说简直就是理所当然。他们喜欢不同人身上发生的不同的故事，对于别人都持有一种同情心。他们讨厌枯燥的生活，总是想给自己找点事情做。

另外，成长 / 态度数为 2 的人在手工、写作、音乐以及表演方面都很有才华。他们总是扮演调停者的角色，能够在冲突的双方之间展开斡旋。

3

成长 / 态度数为 3 的人可以去当喜剧演员。他们很有魅力，浑身充满了幽默细胞。他们内心总有一个长不大的小孩，渴望过上神话传说中彼得 · 潘的生活。他们精神好的时候，总是笑容满面，眼睛发光，善于言谈；不过如果精神不好的时候，他们周围的人可要遭殃了。他们对周围人的影响非常大，不管是正面的还是负面的。

他们总是比实际年龄显得年轻，因此家里人、同事或者老板都不太把他们当回事，这可让他们受不了。因为他们的能力非常强，无论在哪个行业里都会很出色。他们很受大家欢迎，人缘很好，情绪有点夸张。他们善于讲故事，天生是个乐天派，对什么都满不在乎。不过这只是表面现象罢了，其实他们很有常识，学东西非常快，而且善于抓住机会。由于不知道自己到底要什么，所以经常换工作。最适合他们天性的工作就是销售、媒体和客户服务。

4

成长 / 态度数为 4 的人做事很有计划、井井有条。他们很安静、不太说话，什么事情都藏在心里，让别人搞不清楚他们到底在想什么。你要是看见这些人不言不语地一心在做什么手工活、修理活，千万别奇怪，他们就是这样的性格。

成长 / 态度数为 4 的人在自己的工作领域都能够成为专家。此外，他们还能够把自己的心得传授给别人，成为一名很好的老师。他们能够看到事物的两面，喜欢充当正义使者，锄奸扶弱。

成长 / 态度数为 4 的人选择朋友和同事的时候非常谨慎。他们做事实际、很有责任心，做一份工作通常都能够坚持很长时间。这一点除了数字 8，别的数字的人都比不上。他们喜欢相对稳定的工作，比如说 IT、医疗，也喜欢成为协调者。他们个性诚实可靠，说话有时不讲情面，对于家庭和朋友都非常忠诚。他们一般结婚都很早，先把家庭安定下来，再去追求物质的成功。他们选择伴侣的时候不仅会考虑爱情，还会考虑更加实际的因素。

5

成长 / 态度数为 5 的人喜爱玩乐、充满童趣。我的一个客户在斯里兰卡度假的时候，曾寄给我一张骑在一只大象背上的照片；另外一个客户 40 岁生日的时候去大峡谷漂流，50 岁生日的时候去爬埃菲尔铁塔！这两个人的成长 / 态度数都是 5。

非常明显，成长 / 态度数为 5 的人喜欢游历世界各地，体验异国他乡的情调。不过要是太爱玩，一遇到需要承担责任的时候就装疯卖傻，推到别人身上，自己为自己喊冤，那只会让自己陷入麻烦之中。他们热爱生活，有着无法抑制的好奇心，极端热爱冒险和刺激。他们也喜欢和别人调情，是社交场合的活跃人物。

比起其他数字来，成长 / 态度数为 5 的人成长过程比较艰辛，比如小的时候会有多次搬家、移民、换房子、换学校、父母换工作的经历等。这些历练让他们更加坚强、灵活，适应能力强。他们性格开朗、喜爱冒险、渴望刺激的生活方式，小的时候常常会因为这样的生活态度陷入麻烦，或者沾染上不良的生活习惯，比如吸烟、喝酒、性乱、毒品等。他们一般都不喜欢学习。和其他数字相比，通常在婚姻上会遇到重大挑战。

6

成长 / 态度数为 6 的人最显著的特点就是喜欢照顾人，男性女性都这样。他们从小就表现出一副大人模样，学着照顾周围的人，不喜欢接受命令而喜欢发号施令。

这些人尤其喜欢改造周围的人事，似乎越混乱的环境越能显示他们的作用。

一旦周围的环境十分平静，他们反而会觉得没有什么用武之地，变得烦躁不安。他们不但会真心诚意照顾家人、孩子、朋友等，还会把公司经营得蒸蒸日上，受到所有人的欢迎。不过有的时候过分热情也会让人受不了！

成长 / 态度数为 6 的人天生具有母性的关怀，喜欢在家里当指挥。在外面和朋友或者同事交往的时候，喜欢照顾大家，让每个人感觉都很舒服。他们是很好的倾听者，很有同情心，让人如沐春风；他们心胸开阔，内心最柔软的地方就是孩子、小动物或者大自然。他们在服务行业最能够发挥自己的特长，比如做空姐、教师或者人力资源经理等。

成长 / 态度数为 6 的人在家里总会显得唠唠叨叨、控制欲强。他们非常固执，很难改变自己的观点。他们内心渴望一个温柔浪漫的伴侣，有孩子后会成为模范父母。

7

成长 / 态度数为 7 的人从不让别人看到自己灵魂最深处的想法和感受。他们喜欢一个人待着，非常内向，最喜欢的就是探寻事物表面背后的深层含义，想的都是宏观课题。只有当慢慢成熟，灵性上的修养达到某种程度之后，他们的本质才会真正显现出来。有的时候大家会觉得不管自己说什么，成长 / 态度数为 7 的人都不关心，其实这是一种误解。因为他们本质上是一个观察者，没有什么逃得过他们的眼睛。

成长 / 态度数为 7 的人从小就有一种疏离感，觉得自己“不属于”任何地方，甚至是自己的家庭。他们十分聪慧，观察力和好奇心都很强；又很保守，喜爱独处，喜爱分析，需要自己的空间和隐私，有的时候能在自己的房间待一整天。

他们喜欢旅行、探索和学习，喜欢花时间和年长的人而不是同龄人待在一起。

成长 / 态度数为 7 的人对于婚姻有一种恐惧。要是结婚早他们通常都会质疑自己的选择。很少有人能够真正进入他们的世界。事实上，别人总觉得年少的他们有些自闭。他们对于猜谜、战略以及考验头脑的游戏都很擅长。言语方面则有所欠缺，一开口就让人觉得在讽刺别人。他们喜欢空间广阔的地方，也喜欢能挑战他们智力的工作。

8

成长 / 态度数为 8 的人不是在想着怎么赚钱、拼命阅读财经周刊，就是在努力工作中，他们总是想成为家庭的顶梁柱。不过奇怪的是，无论他们怎么拼命，总是看不着钱影，基本存不住什么钱。成长 / 态度数为 8 的人喜欢告诉别人自己的想法，说话很直接，不喜欢拐弯抹角。他们最好能够培养自嘲式的幽默，对生活抱有一种乐观的态度。

成长 / 态度数为 8 的人很小的时候就懂得金钱和安全感的重要性。他们脸皮都比较厚，具有很强的生存能力。如果家里比较富裕，他们就会被送到国外学习商科；如果家庭条件不是很好，他们就会努力工作，常常打两份工，边打工边学习。

他们做事脚踏实地，会在待遇比较好的公司待很长时间；要是待遇不能让他们满意就会频繁跳槽。他们个性过强，不太擅长与人共事，而且老是特别忙，因此很难集中精力培养一份感情。成长 / 态度数为 8 的人做任何事情都采取一种专业而实际的态度。

9

成长 / 态度数为 9 的人是典型的领导者。他们能够一边做自己的事一边帮助别人。只要告诉他们做事的方法，接下来就不用操心了，这就是典型的成长 / 态度数为 9 的人。不过当事情做完的时候，他们通常都会觉得十分疲惫，但是不会去抱怨。他们要懂得为自己设立一个界限，不要让周围的人过度利用自己的善心。此外，他们通常有无法忘却的家族伤痛，为了自己现在和将来的幸福，要学会接受和宽恕。

成长 / 态度数为 9 的人天性热情、容易冲动。他们的爱非常深厚，没有任何阻力可以阻挡。不过正因为这种热烈的天性，他们特别容易为了自己的家人、朋友甚至是同事卷入吵架、分手等纠纷。他们天性温暖，能够为别人带来光明。另外，他们胆子也很大，表现得非常成熟，很容易就会吸引别人的注意力，引起周围人的嫉妒。他们特别孝顺，对小动物很好，十分容易接受灵性的教导。

成长 / 态度数为 9 的人必须学会控制自己的情绪，不要过度保护自己。他们最好不要过早结婚，不然没过多久就会后悔自己的决定，匆匆离婚。他们很受别人欢迎，也很容易找工作，不过很多人情愿找一些高挑战低收入的工作，如服务员、体力劳动、厨师，以及与慈善相关的工作。

第八章

主命数字

对外部世界进行研究的主要目的在于发现上帝赋予它的合理次序与和谐，而这些是上帝以数学语言透露给我们的。

——开普勒（J. Kepler），德国数学家

所谓主命数字，就是将一个人出生日期的所有数字不断递加后得到的个位数（具体算法请见 P100 例子）。这个数字代表了“我是谁”、“我命定的才华”，除此之外，它还描述了一个人一辈子要经历的旅程。生命灵数中最重要的数字就是主命数。

1

主命数为 1 的人天生具有领导气质，他们具有强烈的个人主义色彩、成功欲望以及对自由和独立的需求。许多将军、公司董事长以及政治家的主命数都是 1，男性女性都是这样。如果善于利用数字 1 的能量，人生就会充满创新和创造力，也会拥有热情和力量去达成目标。主命数为 1 的人十分善于启动项目；一旦遇到挫折和挑战，总是用自己的力量和胆识去克服所有的困难。他们不仅外表看来十分强悍，内心也非常强大。他们意志力坚强，非常有胆识，是天生的领导，能够处理任何情况。即使有的时候事情不归他们管，他们也情不自禁地要插手。

天赋才华：他们极富创造性，能够成为任何领域的发明家或创新家。无论选择什么行业，他们都能够用自己的独创性开创一片天地。他们的个人需求和欲望都很强烈，总是按照自己的价值观判断是非。他们尤其不喜欢规则，很容易对细节产生厌烦情绪。

他们野心勃勃、坚持自己，不说话的时候并不代表认同对方的观点。他们相当自我中心，办事情的时候一定要按照自己的方式来。大多数情况下，他们待人友好、十分健谈、与人相处十分愉快，周围的人很容易就被他们吸引过来。他们喜欢有人围绕的感觉，对于拒绝十分敏感，很难接受。

此生需要学习的功课：主命数为1的人有几个很明显的缺点。虽然他们有很大的潜力成为领导人，但是他们中的许多人最终碌碌无为成了别人的追随者。有时候在领导别人之前，先要追随别人，经历更多的历练。那么这段时间对主命数为1的人来说就会相当难熬。如果发展得不好，他们会表现得一点都不独立，很依赖别人，早年尤其如此。如果这种情况一直没有改善，就会产生对环境的不满，生命也得不到满足。极端情况下，还会变得极端自我和自私。以上都是无法发挥数字1的正面能量所产生的后果。对于主命数为1的人来说，一定要注意自己的态度，不要对别人指手画脚、要求苛刻。

2

主命数为2的人生来具有一种灵性的力量，能够成为社会中的和平使者。他们喜欢倾听，像海绵一样吸收力很强。为了达到自己的目的，他们通常都会去说服别人，而不是用强力去征服别人。他们是和事老、调停人，有相当的外交才华。如果善用自己的灵性能量，他们会展现出很强的直觉和远见。除此之外，他们还会成为理想主义者，成为时代的先锋。这些品质都让别人觉得主命数为 2 的人很有意思，对社会贡献很大。他们的思考通常都很有深度，喜欢研究生命中的奥秘。

天赋才华：如果将主命 2 的积极面发挥出来的话，就能够在任何事物上达到一种平衡和美好。主命数为 2 的人能够客观看待事物的两面性，因此能够成为很好的调停者。他们能够用公正的态度处理纷争。

主命数为 2 的人对别人都很关心。他们觉得周围的人都是好人，希望所有的人都过上幸福的生活。他们诚实可靠，表里如一，说一不二，在处理人际关系方面最为擅长。他们礼貌又老练，很有亲和力，因而不适合掌控一个团队或局势。他们最善于在冲突双方之间斡旋，达到一种环境的平衡。他们是很好的团队成员，默默无闻，也不去要求奖赏和别人的认可。

主命数为 2 的人喜欢循规蹈矩和安稳的生活。他们希望自己的生命轨迹缓慢展开，有迹可循。他们分析力很强，判断力精准，这些都能在生意场上帮上他们的忙。他们做事的时候要求精确和完美，虽然不是一把手的料，却很有远见和创意。

此生需要学习的功课：主命数为 2 的人通常容易感到紧张。因为情绪的问题，他们在表达喜好憎恶时通常会走极端。要是过于紧张，看起来很随和的他们会突然情绪爆发，一点都不像平时温柔的样子。主命数为 2 的人有些过度敏感，这时候数字 2 的优点反而变成了缺点。他们常常犹豫不决，很难做决定，老是在不同的选择中间左右摇摆。

主命数为 2 的人有选择恐惧症。他们喜欢把自己的不安和不满隐藏起来，表面看来若无其事。他们很容易给人一种印象，就是对什么事情都不太上心，一副被动等待和接受的样子。如果发展得不好，他们就会非常悲观，因为情绪的影响基本做不成什么事情，而且无法分清幻想和现实的界限。

即使是发展得比较好的人也喜欢安稳的环境，竞争不要太强。如果做顾问或者导师他们都可以胜任。他们非常慈悲、具有人道主义精神，对自己的要求也很高。

3

上天馈赠给主命数为 3 的人的礼物是非凡的创意、出众的沟通技能。如果能够发挥自己出色的表达能力，就能够取得相当的成就。一个真正意义上的 3 号人在语言相关的领域，如写作、演讲、表演以及其他类似方面都有极强的创新能力。世界上很多知名的喜剧演员都受到数字 3 的影响：他们看起来总是兴致勃勃、光彩照人，用乐观积极的态度激励他人。如果发展得好，我们可以在他们的身上看到和谐、幽默、快乐以及与世界分享的创造力。对于这个主命数来说，最高的成就来源于充满创意的自我表达。

天赋才华：主命数为 3 的人会尽情享受生活，过好今天，不去担心明天的事情。不太关心钱，因此不善于处理钱财上的事情。有钱的时候尽管花，没钱的时候也能过。

主命数为 3 的人喜欢和周围的人沟通。他们最主要的特点就是热情友好、口才出众。他们爱社交、心胸开阔、喜欢聆听别人的故事，也懂得倾听的艺术。他们懂得如何让每个人有一种宾至如归的感觉，因此在任何社交场合都是非常受欢迎的对象。他们是乐天派，生活态度非常乐观，能够将阳光带给别人。他们能够激发别人的创意和想象，自己也需要别人的鼓励。

除了以上所说的这些，主命数为 3 的人还有不为人知的孤独的一面，连他们也很难相信自己会这样。其实 3 号人天性十分敏感，一旦被人伤害，就会退回到保护壳中，沉默寡言地待上一段时间。当然，他们最终会走出这个硬壳，然后表现得更加欢实。这样的人会就事论事，遇到问题不逃避，从不对任何问题采取抵触情绪。因为他们自己很敏感，容易受到伤害，所以对其他人的感受和情绪都十分在意，非常照顾别人。

此生需要学习的功课：主命数为 3 的人最大的挑战和需要学习的地方都是如何控制情绪的高潮和低潮。他们在规规矩矩的环境里都表现不好，要是碰上一个控制狂的上司更是无法忍受；要是碰上做什么事都要考虑再三、脑筋转得太慢的人，他们则会觉得十分无趣。主命数为 3 的人不适合给这种人工作，也不适合与这种人共事。如果善用自己的能量和才华，始终用乐观积极的天性引导自己的人生，他们就能够远远走在别人的前面。

一旦坠入爱河，主命数为 3 的人就会变得十分热烈，忠于爱侣。逝去的感情一定会在他们心上留下无法磨灭的伤疤。他们很容易被各种情感触动，自己的恋爱会慢慢展开。不过遗憾的是，因为他们乐于付出，所以总是吸引到喜欢索取的伴侣。3 号人生命中的一大问题就是如何在各种情形下保持平衡，感情上的平衡同样也难以把握。

主命数为 3 的人缺点之一就是太爱享受人生，因此会显得肤浅轻浮。他们这也做、那也做，什么都做不好。3 号人的情绪也很难琢磨，有的时候突然一下子就低落了，就想找个地方一个人静一静。他们有的时候也会逃避现实，很难在同一个地方或者位置上安心待下去。他们需要改改满不在乎的态度，不要盲目乐观，而且要对周围的人多点耐心、多点包容，不要老是批评别人。

4

上天馈赠给主命数为 4 的人的礼物是计划、维护以及创建的技能。他们做事实际，又有头脑，做什么都能获得成功，是最实际、最值得信任的一群人了。主命数为 4 的人是社会的重要组成部分，是任何组织的基石。他们之中最优秀的人能够成为创建一个社会的中坚力量。他们总是将理想主义和现实主义紧密结合，将宏伟远大的计划投入到具体的实施中去，直到最后成功。如果能够在自己的事业上投入精力和热情，他们一定能够取得巨大的成功，获得社会的认可和声望。当然，不是所有主命数为 4 的人最终都能成名。

天赋才华：所有主命数为 4 的人一旦接到任务和命令，都能兢兢业业坚持将其执行到底，他们非常喜欢被委以重任。这些人适合做经理人，也适合独自创业。无论是哪种情况，他们对自己和别人的要求都很高，有的时候对自己过于苛刻。

他们意志力坚定，有时会被人误解为偏执。他们不觉得自己固执，总是一副正直可靠、讲话直接、牛脾气的样子。他们坚持己见，做事一定要用自己的方法和步调，一旦做出了决定，无论对错都会一路走到底。他们注重目标的完成，能够做好手头的每一件事，有时显得有点强迫症。

他们作风实际，讲究常识，因此可以成为绝佳的组织者和计划人。他们内心有一种完美主义的倾向。不过尽管如此，他们还是要小心，以免计划的疏漏最后导致失误。主命数为 4 的人大概发明了怎么写待办事项清单，因为大多数人都需要这张清单，就主命数为 4 的人不需要。他们的生活就好像编好的电脑程序，井井有条地安排好了一天要做的事情。确实，困难越大他们反而越能发挥自己的能力。

他们在感情上忠诚而投入。因为喜欢付出的天性，他们能够建立一个稳固的婚姻。他们一生中朋友不会很多，但是联系都很紧密。一旦和某人成了朋友，这种关系一般都能够持续一生。

数字4和土元素紧密相连。土元素提供了数字4赖以生存的能量以及现实感。主命数为4的人是最值得依靠的人之一。如果成功只靠耐心和坚持的话，他们一定会取得最后的胜利。他们经常是收拾别人留下的烂摊子的人，有的时候这确实不太公平，不过有的时候这种情况反倒成了他们成就声望的机会。

此生需要学习的功课：主命数为4的负面能量在于过于教条、心胸狭窄、不能容人，被人拒绝容易情绪失控，无法对周围的情况做出清晰的判断。另外，他们有可能陷在日复一日的工作中无法自拔，看不到全局，即使机会出现也无法把握。

5

上天馈赠给主命数为5的人的礼物是一颗勇于进取的心和将世界改造得更加美好的能力。主命数为5的人多才多艺，生命中最重要的事情就是自由。为了追求自由，他们勇于改革，极富冒险精神，走在时代的前端，不断寻找生活中各种难题的答案。5这个数字的正面因素代表了变革和改善。他们最不喜欢受束缚，如果善用变革的力量，能够取得惊人的成功。

天赋才华：主命数为5的人激情四射、热爱自由、心地善良。他们内心装着的不仅仅是自己，他们更关心民族的前途、人民的自由和幸福。美国历史上的著名总统亚伯拉罕·林肯的主命数为5，他颁布了《解放宣言》，结束了美国的奴隶制。主命数为5的人思想进步，他们在政界、法律界以及其他政府职位上能够发挥巨大的潜力。

他们沟通能力出众，能够激发周围人的热情。出众的口才和魅力让他们成为绝佳的销售。无论他们有什么点子和产品，都能毫不费力地推销出去。

他们极端厌恶规矩和无聊的工作，要他们将注意力放在每天工作的细节上是太不明智了。一般来说，5 号人都有些乐天派，基本过了今天不担心明天。他们应该找到更富激励性的工作而不是陷在细节中不可自拔。他们与人相处都十分愉快，拥有推销和表达自己的才华。他们还能够对一件复杂的事物进行快速评估，短时间适应新的工作环境。

他们绝不是循规蹈矩的人，内心热爱冒险，喜欢寻找一切机会探索新发现。毫不奇怪,5 号人是最喜欢周游世界的了。他们绝不会错过任何一次探险的机会，也会承担任何风险。就算不进行任何风险投资，光是日常生活中的各种风险也够看的了。

在感情方面，5 号人不喜欢束缚，不喜欢受限制。这并不意味着他们对自己的伴侣不忠诚或是喜欢乱搞男女关系。只是他们的伴侣应该了解这一点，如果对方很容易嫉妒或者管得太严,5 号人一定会受不了。他们需要另一半的信任，也需要那个人能够了解他们热爱自由的天性。一旦双方达成谅解，他们会是诚实可靠的伴侣。对于他们来说，要找到和自己生活态度相似的人群，不能找控制欲过强或者太严肃的伴侣。

此生需要学习的功课：主命数为 5 的人容易同时处理很多事情，缺乏方向感和注意力。他们野心很大，容易烦躁不安，做事冲动，在没有三思的前提下频繁更换工作。另外，他们也容易忽视对于家庭和工作的责任，过度沉迷在对享受和探险的追求中，自私自利，完全照顾不到周围人的想法。

6

主命数为6的人天性能够成为绝佳的养育者，也会成为真理、公平和正直的避风港。他们有一种父母亲的天性，在这方面超过了其他所有人。无论是在家里还是在工作场合，他们最喜欢照顾别人，也最喜欢当领导。他们作风保守，十分传统，无论在工作场合承担多大的责任，自己生活的重心永远是家庭。

天赋才华：他们具有理想主义的情怀，必须感受到自己的价值，否则就开心不起来。他们对周围的人总是那么关心，不是随时随地地照顾别人的需求，就是尽心尽力地给予帮助和建议。他们首先是一名人道主义者，觉得自己的职责就是照顾周围的人，先从照顾家里人开始。他们十分人性化，做事实际，认为人生中最重要的事情就是家庭、家人和朋友。如果当领导的话，他们会身先士卒，以身作则，担负起责任，时刻准备为他人服务。大部分的6号人都会承担本不应该由他们承担的责任，在别人需要时总会伸出援手。因此，他们往往都会控制事态的发展，成为绝对权威。

6号人恋爱的时候非常忠实，喜欢付出。他们太喜欢照顾别人了，因此总是吸引到一些比他们弱、需要别人照顾的伴侣。他们最重视的因素就是和谐，无法长久维持很紧张或者充满挑战的亲密关系。对朋友也一样。虽然他们是值得信任和忠实的伙伴，但总是喜欢指挥和控制身边的人。

6号人总是不得不表现出力量和热情。他们本性善良，极富同情心，待人很大方，愿意拿出自己的资源与别人分享。他们生活的基石是智慧、平衡和谅解，这三个词也给他们的生活定了基调。他们的智慧跨越了年龄的限制，很小的时候就能够深切了解周围人的问题和需求。有些人从小就负担比较重要的职责，这种模式会持续到他们生命的晚期。

此生需要学习的功课：主命数为6的人缺点不是很多，不过这缺点也是独一无二的。他们有的时候会被责任压得喘不过气来，为了照顾别人成了他人的奴隶，这点在涉及他们的家人或朋友时尤其明显。他们老是喜欢批评人，对自己也很苛刻。如果滥用数字6的能量，他们就会变得自以为是，夸大其词，以及过度膨胀。谦虚谨慎对他们可不容易，而且他们总是喜欢在别人的事情上插上一脚，或者把自己的观点强加到别人身上。

数字6给人带来的责任相当重大，有的时候他们受不了干脆会一走了之。不过事后又对自己推卸责任的做法感到相当内疚和不安，而这也会对他们与别人的关系造成毁灭性的破坏。

7

主命数为7的人天性具有超强的调查、分析和观察能力。他们的思考能力无人能及，能够迅速对周围的环境进行评估，准确度极高。他们是完美主义者，能够深入全面地处理手头的工作，还希望每个人都能达到自己的高标准严要求。

主命数为7的人喜爱和平，内心热情，不过他们总是非常小心地对待自己与他人的关系。他们很容易就能够发现谁在说谎，谁是骗子，对于这些人他们避之唯恐不及。他们的朋友圈并不大，但是一旦和某人成为了朋友，这种友谊经常会持续一生。他们似乎在真正接受一个人、放下自己的防护网之前必须要经过漫长的考察阶段。他们外表迷人，举止有度，很有智慧，可就是浑身上下散发着一种难以名状的疏离感。他们不那么喜爱社交，总喜欢一个人待着，于是常常被别人误认为是清高。其实真相并非如此，他们只不过是需要掩盖自己内心深处的不安全感罢了。他们熟悉周围的环境需要很长的时间，交朋友也不着急，他们不喜欢俱乐部，也不喜欢各种组织，不是什么都喜欢掺和一脚的人。

他们喜欢远离现代生活的熙熙攘攘。某种程度上来说，古人的那种悠然看菊的闲散的生活方式可能更适合他们。他们非常需要有自己的时间和空间，来体会自己内心的想法和梦想。他们不喜欢扎堆，不喜欢热闹，希望远离干扰和混乱。

天赋才华：数字7最厉害的地方在于它所显示的思考深度。7号人从各种渠道都能够获得知识。他们爱钻研，爱学习，智力很高。对于任何一个问题他们从不会轻易附和别人的看法，总是会深入分析得到自己独立的见解。

数字7也是一个充满灵性的数字。很多7号人在很小的时候就显露出了灵性的智慧和才华。他们追随着内心的指引，拥有极强的直觉。在别人的眼中，他们傲然独立，自成一派。无论选择什么样的精神指引，传统的也好，非主流的也罢，他们总是会热情地追随它。一旦他们对某个问题下了定论，几乎不会再回头看一眼。他们不会调整自己的立场，很难做出改变；做事依靠自己的经验和直觉，很少接受别人给的建议。他们的直觉通常非常准，只要相信这点，他们通常会按照直觉指引的方向前进。

此生需要学习的功课：最消极的7号人可以变得非常悲观，对人漠不关心，喜爱与人争论，做事遮遮掩掩。如果7号人发展得不是很好，没有从生活中吸取应有的经验教训，他们就会完全不考虑他人，很难相处。数字7的负面能量如果不好好控制的话会很容易抬头。这个时候，7号人就会变得非常自私，像一个被惯坏的孩子，谁要和这样的人生活在一起可真是不容易的事。这也许就是许多7号人选择自己一个人生活的原因吧。不幸的是，数字7的负面能量很难去除，因为7号人总是觉得世界欠他们一个美好的生活，或者自己受到了别人不公正的对待。

幸运的是，消极的 7 号人并不是典型的 7 号人，至少消极的程度没那么深。7 这个数字也暗示了生命中的一些重大变化，他们会经历一些大起大落，很难有稳定的情感。

8

主命数为 8 的人天性具有领导、智慧、组织和管理的才华。他们野心勃勃，目标性极强，能够用自己的雄心、高效以及组织能力为自己创出一片天下。如果善用这个数字的积极能量，他们就会想出极富远见的方案和计划，而且能够坚忍不拔，不依靠任何人，最后取得成功。简言之，他们生来就是一个执行官。

天赋才华：主命数为 8 的人懂得如何管理自己和周围的环境。他们能够清楚地衡量周围人的性格和潜力，从而为他们所用。他们的成功很大程度上得益于刻苦的努力，因此这个数字最容易产生工作狂。他们能够发现别人的长处和弱点，并且能够很好地加以利用，这可不是人人都有的本事。他们善于激励别人，可以成为很好的领导者。他们作风实际，对于目标的追求可谓不遗余力。他们十分勇敢，遇到需要变革的地方，会毫不犹豫地改革向前。

主命数为 8 的人十分重视物质回报。这个数字产出了很多自信有力、物质上特别成功的人士。

主命数为 8 的人最渴望的事物、也是他们衡量成功的最终标准，就是社会地位。他们希望通过自己的努力工作和成就获得别人的认可。他们希望获得荣誉，或者能够进入某些特权俱乐部。正因为如此，他们乐于面对挑战，更适合从商或者从政。

此生需要学习的功课：数字 8 的消极面在于独裁，以及压制周围人的努力和热情。他们的个性实在是太强烈了,很难与周围的人产生一种深入的互动关系。对物质和金钱的需求成了他们生活的唯一目的，从而忽视了爱人、家庭还有心灵的平静。他们对物质的追求几乎达到了一种着魔的程度。他们常常会压抑自己的情感，造成孤立和孤独。所有主命数为 8 的人一定要注意自己老是看不起别人的倾向。

亲密关系上的 8 号人非常坦率、诚实、坚定，即使在陷入爱河的时候也摆脱不了工作狂的形象。他们要懂得光是舍得为对方花钱是不够的，需要更加温柔地表达自己对对方的爱意和忠诚。8 号人非常需要感情的呵护，这样才能够减轻他们过于强硬的天性。他们需要给自己的爱腾出时间，让爱成为生活中的重要主题。

9

主命数为 9 的人天生一副热心肠。他们情感丰富、怜悯众生、慷慨大方。了解他们的关键在于人道主义情怀。即使是非常普通的主命数为 9 的人，都有着一种悲天悯人的倾向。

通常主命数为 9 的人诚实稳重，正直可靠，不会对任何事情抱有偏见。他们对比自己不幸的人总是抱着一种悲悯的情怀，只要自己能够做点什么，他们一定会去帮忙。这可不是容易做到的事情。数字 9 是最大的个位数，它代表了人类相当重的负担。

对他们来说，物质回报并不是那么重要。当然许多数字 9 的人会在很多方面得到物质的奖赏。不过数字 9 的人不太会成为巨富。他们对谁都慷慨解囊，给错了也没关系。他们对待钱财总有一种随来随走的淡然态度。甚至有的 9 号人为了大众的福祉完全放弃了自己的物质财产。

天赋才华：数字 9 代表了一种居高临下的威严。他们很容易交朋友，大家都会被他们热情友善的态度所吸引。用“呼朋唤友”来描述他们是最合适不过了。他们总是积极乐观，热忱友好，与人意气相投。他们的这种坦然和友好的态度为自己赢得了不少人缘。也正因为如此，无论从事什么行业，他们都能够成为其中的佼佼者。

他们十分敏感，对这个世界充满了感情。他们对生活的感触和了解常常流露在艺术和文学的领域上面。即使戏剧和表演不是他们的专长，他们也会对这些领域产生相当的兴趣并具有相当的潜力。除此之外像绘画、写作、音乐或其他艺术门类也能够表达他们强烈的情感。

主命数为 9 的人在精神上需要一种哲学的探索。许多法官、精神导师、治疗师或是教育家都受到数字 9 的能量的影响，他们不适宜在生意场上打滚，做生意对他们来说往往是一件充满挑战的事。

此生需要学习的功课：所有的主命数字都有其局限性，9 也不例外。亲密关系对他们来说不是一个轻松的话题，他们很难找到其中的平衡点。如果伴侣和他们的生活态度一致、乐于付出的话，他们的关系就可以维系，两个人快乐地生活在一起。可如果他们的伴侣非常重视金钱和物质，可能就和他们格格不入了。

数字 9 的积极面实在不容易发挥出来，很多人都无法实现这个数字的精髓。很多 9 号人会在理想与现实、内在与外在之间苦苦挣扎，因为无私实在是很难达到的一种境界。一般人很难相信无私的给予和缺乏雄心壮志能够导向令人满意的人生。但是 9 号人必须意识到如果从内心抵抗自己人道主义的天性，他们会很难取得长远的快乐和满足。

11

主命数为11的人能够启发别人的灵感。他们的灵感和能量不是一般的强，但他们的灵力从小就容易被人误解，因此他们通常十分害羞，喜欢退缩在自己的世界里。他们的潜力很大，可能他们自己都意识不到这一点。

他们无论走到哪里都能点亮那里的环境，能毫不费力地激励周围的人。他们身上有一股能量在不停流动，这给予他们一种力量感，但也容易引起情感上的风暴。他们是上层和下层信息流动的中介，是精神和物质世界的连接者。他们无需经过理性的思考就能够明白各种观点和情绪的含义。他们的意识和潜意识之间似乎有一座连接的桥梁，使他们能自由运用自己的直觉，让灵性的信息畅通地流动：这意味着极强的创造力。历史上许多发明家、艺术家、宗教领袖、先知以及领导人的主命数字都是11。

此外，他们也同时拥有数字2的能量，拥有数字2所显示的个性和才华。他们做事非常有技巧，很有外交手腕。另外他们也很有耐心，喜爱与人合作，能够胜任团队工作，同时在不同意见的对立方之间创造一种平衡。

天赋才华：上天赐给主命数为11的人相当的才华，能够让他们在现实生活中一展身手。不过他们必须先充分发展自己，才能利用这件天赐的礼物。在这个逐渐成熟的过程中，他们内心和灵性的发展常常走在他们工作的成就之前。表面上看来，他们似乎发展得很慢，实际上他们只是比别人先完成心灵进化的工作。也就是说他们要在真正的成熟之后才能获得成功，这通常是在35岁到45岁之间。

他们有一双发现美的眼睛，懂得欣赏平衡和韵律之美。他们有很强的治愈能力，尤其在按摩、针灸、咨询或者物理治疗上能够取得相当的成就。他们适合数字 2 所暗示的一切工作。受到这个数字的影响，他们十分敏感，是热情的爱人。他们很容易就能够明白自己伴侣的所需和热望，也能够充分满足对方的需求。不过如果感到自己被利用或者被抛弃的话，他们的破坏力也十分强大，恨不得用唾沫星子把对方淹死。他们是很好的伴侣，很有幽默感。如果能够找到适合自己能力发挥的空间并发挥自己的潜力，他们就会得到丰盛的回报，足以补偿他们在生活中受到的一切历练。

此生需要学习的功课：他们灵性极强，然而这种能力也是双刃剑，很容易伤到自己。他们能力很强，不过却常沉迷于自我反省和自我批评。他们很有自知之明，明白自己某种程度上和别人不太一样。即使刻意选择与周围的环境融合，他们还是能够感到一种无法名状的脱离感。

他们很容易感到沮丧，因为对自己的期望很高，也容易陷入不现实的幻想。他们容易和现实脱节，有的时候明明只需要造一座小屋就可以了，他们非要造一座摩天大楼！

他们有时会想法混乱、缺乏方向感，因此会导致对自己没有信心或者容易忧郁。所有这些情绪问题的产生都是因为他们对自己的敏感度和潜力缺乏了解。他们野心很大，希望做一番大事业，不过由于缺乏自信，常常有种挫败感。他们能够感到自己内心的巨大潜力，不过想将这种潜力发挥出来需要信心的支持，这是他们成功的关键。另外说到身体方面，他们需要好好地保护自己的神经系统，避免因过度敏感而导致的压力。如果压力过大而长期无法释放的话，他们就会得抑郁症。

为了给自己的身心创造一种和谐的氛围，他们需要寻找一种比较安宁的环境，最好配一些舒缓的音乐和健康的饮食。

22

主命数为 22 的人恐怕是所有主命数中最容易获得名利的了。这个数字代表了生命中两个可能的方向：一方面，他们能在物质世界中取得显著的成功，成为所谓的“企业家导师”；另一方面，他们灵性极强，能够探索神秘领域，取得相当的成就。

天赋才华：他们的力量相当微妙，只有当他们运用自己的理想和远见来激励他人一起达成梦想时才会发挥出来。他们必须懂得运用集体的力量，这样才能够采集到足够的要素（无论是人脉、创意还是资源）来实现自己的目标。通过融合他们自己身上几乎完全相反的特征（远大的理想和做事实际的个性），他们能够和大家轻松交往，利用不同人身上的不同特点来帮助自己实现目标。简而言之，他们是脚踏大地的梦想家。

他们无论从商还是从政都很厉害。他们很自然地就懂得大机构的运作模式，也有国际化的视野，能够进行宏观的思考和决策。他们同样具有数字 4 所代表的特征和才华。

他们很有常识，能够看到某一个领域的独特性和潜力所在，同时还能进行实际操作，最后开花结果。他们明白各种观点的局限性，很容易知道什么管用、什么不管用。他们评估一件事情的时候既能看到实际的一面，又能用自己强大的直觉指导这个评估过程。

他们的人际关系十分稳定。他们喜欢为朋友们提供建议和情感上的支持。他们从不沉浸于幻想，并且本能地抵制情绪上的极端。他们的想法和行动都比较非主流，但是外表还是非常传统，他们不喜欢自命不凡。

此生需要学习的功课：很多灵数学家认为数字 22 是一个相当具有前途的数

字。然而成功并不容易达到，他们野心很大，事事都想插手，反而效果不好。

他们需要和别人分享自己的思想，要学会利用周围人的才华。他们通常对别人的能力缺乏信心，因此并不容易做到这一点。一般情况下他们喜欢控制周围的人和环境，甚至操纵他人。

第九章 姓名当中的数字含义和能量

一个没有几分诗人气质的数学家，永远成不了一个真正的数学家。

——维尔斯特拉斯（K. T. W. Weierstrass），德国数学家

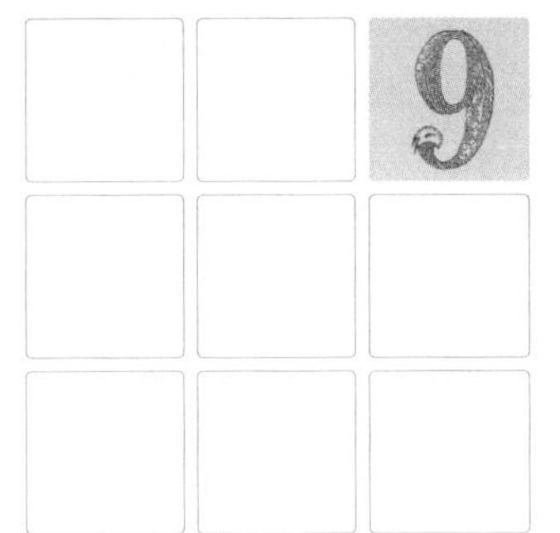

古埃及人认为，如果我们知道他人或者神祇的姓名，就能够知晓他们的秘密，并能够产生控制他们的力量。

这仅仅是一个传说吗？还是有据可循呢？

我们应该如何计算姓名所蕴含的生命灵数呢？还是让我们先举一个例子吧：

贝拉克·侯赛因·奥巴马（Barack Hussein Obama）

1. 根据元音字母和数字的换算表（见 P137 表 1），把姓名中所有的元音字母代表的数字，写在对应的字母上面。

2. 根据辅音字母和数字的换算表（见 P143 表 2），把姓名中的所有辅音字母代表的数字，写在对应的字母下面。

3. 将所有元音字母（A，E，I，O，U）所代表的数字加起来，得到此人的心愿数字。

4. 将所有辅音字母（除元音外的所有字母）所代表的数字加起来，得到此人的人缘数字。

5. 最后一步，将心愿数字和人缘数字相加，得到此人的使命数字。

```
 1 1         3  59     6 1 1
BARACK    HUSSEIN    OBAMA
2  9  32  8  11   5    2  4
```

将姓名中的所有元音字母所代表的数字相加，1+1+3+5+9+6+1+1=27，再加到一位数，2+7=9，即得到奥巴马的心愿数字 9。

将姓名中的所有辅音字母所代表的数字相加，2+9+3+2+8+1+1+ 5+2+4=37，再加到一位数，3+7=10，1+0=1，即得到奥巴马的人缘数字 1。

将名字中的所有元音和辅音所代表的所有数字相加，9+1=10，1+0=1，即得到奥巴马的使命数字 1。

心愿数字代表了他的心愿。从 9 这个数字中我们可以看出他希望把智慧、爱心和同情心带给身边的人。他希望为社会带来变化和变革。他希望改造世界，帮助弱小的人。

人缘数字代表了他与人交往的方式。数字 1 暗示了强烈的个人风格——独立自信、决断力、自成一派。

使命数字代表了他命定的职责。数字 1 反映他会成为一名领袖以及被历史铭记的人物。他会领导人民开创新局面，发挥积极的作用。这个数字也暗示了对人民对国家的沉重责任。

下面，我们再举几个华人的例子，来说明一下姓名对我们的影响。

刘晓庆

将刘晓庆姓名中的字母根据元音和辅音分别列出对应的数字如下：

```
 9 3    9 1 6    9
L I U  X I A O  Q I N G
3      6        8   5 7
```

将所有元音相加 = 9+3+9+1+6+9 = 37（1）　心愿数

将所有辅音相加 = 3+6+8+5+7= 29（11/2）*　人缘数

将所有元音和辅音相加 = 1 + 2 = 3　使命数

* 请注意刘晓庆的人缘数是卓越数 11/2

心愿数字 1，代表她的愿望是什么。这个数字表明她渴望出类拔萃，与众不同。她凡事都想依靠自己，做事一定要有新意。

人缘数字 11/2，代表她如何与人互动。这个数字通常表示待人和善、优雅得体的表现。她很容易适应环境，人缘不错，相当聪明。但是她的人缘数背后是卓越数 11，第一次见到她的人总会感受她身上强烈的个性，感到她意志坚定、充满激情、坚强果敢的一面。

使命数字 3，代表她未来注定要承担的责任。从刘晓庆身上，我们可以看到她已经活出了自己的使命数。因为数字 3 通常都表示演说、表演、交流方面的工作，而她选择的职业无疑非常适合她。她通过自己的表演艺术为大众带来欢笑，其银幕上的形象栩栩如生。如果大家都能够活出使命数的要求，那么每个人都会取得巨大的成就。我相信刘晓庆一定非常热爱自己所选择的事业。

王菲

将王菲姓名中的字母根据元音和辅音分别列出相应的数字如下：

```
  1          5 9
W A N G    F E I
5   5 7    6
```

将所有元音相加 = 1+5+9 = 15（6）　心愿数

将所有辅音相加 = 5+5+7+6= 23（5）　人缘数

将所有元音和辅音相加 = 6 + 5 = 11/2*　使命数

* 请注意王菲的使命数是卓越数字 11/2

心愿数字 6，代表她的愿望是什么。从王菲的心愿数中我们可以看到她最渴望的就是充满爱的家庭。从她与窦唯和李亚鹏的婚姻中我们也可以看出王菲是一个愿意为爱付出的人。她是狮子座，就像一头母狮，为了保护自己的家庭成员，让他们过上好的生活，什么都愿意付出。6 也是一个服务大众的数字，因此通常会和艺术和美相关。她也想通过自己的歌唱艺术激励他人。王菲也热衷慈善事业，与李亚鹏一起创建了嫣然天使基金会，这也是数字 6 充满爱心和同情心的表现。

人缘数字 5，代表她如何与人互动。人缘数为 5 的人个性随和，根本不在乎别人怎么看待自己。这个数字经常以自己的着装或行为吓别人一跳。他们很难捉摸，容易躁动。王菲向来以我行我素闻名。数字 5 的适应能力很强，学习能力很快。然而通常会被人误认为个性反叛。

使命数字 11/2，代表她未来注定要承担的责任。王菲的使命数是一个卓越数。通常有卓越数的人会在事业的开始阶段遭受众多的困难和挫折。宇宙似乎在将一个又一个问题扔到她的肩膀上，看她是否具有卓越数的担当。她就像待琢磨的玉石，经过无数试炼，时刻一到，就会散发出璀璨的光芒。在她的歌唱事业进入第二个十年的时候，她成为了无数拥有巨星梦的年轻人的偶像，在全世界有无数的粉丝。就像数字 2 所代表的含义，她成为了喜爱音乐的人和音乐之间沟通的桥梁。

谢霆锋

我不确定谢霆锋的英文名字尼古拉斯是原来就有还是后来起的。
在这里我们用“谢霆锋”这个名字。

将谢霆锋姓名中的字母根据元音和辅音分别列出相应的数字如下:

```
    5      9           3
T S E   T I N G   F U N G*
2 1     2   5 7   6   5 7
```

将所有元音相加 = 5+9+3 = 17（8） 心愿数

将所有辅音相加 = 2+1+2+5+7+6+5+7= 35（8） 人缘数

将所有元音和辅音相加 = 8 + 8 = 16/7 使命数

* 考虑到谢霆锋的父母是香港人，这里列出的拼写方式是其名字的广东话发音。

心愿数字 8，代表他的愿望是什么。谢霆锋的心愿数表示他工作非常勤奋，渴望财务的成功。8 这个数字代表权力、尊敬，以及在一个井然有序的系统中工作。谢霆锋想要掌控自己的人生。8 也代表热爱奢侈品，并且有绝佳的品味。他渴望处理困难的任务，为了显现专业性，他甚至学习武术，使自己的表演更加完美。

人缘数字 8，代表他如何与人互动。这个数字的人比较严厉，有的时候还挺让人害怕的。他们不是第一次见面就能马上聊得开的人。这种人知道如何形成自己的影响力，甚至走到哪里眼球就会跟到哪里。其实很多人都觉得谢霆锋冷静文雅，散发着一种威胁性。然而朋友们却觉得他是一个忠实的伙伴，冷静的表面下有一颗善解人意的心。

使命数字 7，代表他未来注定要承担的责任。7 这个数字代表智慧、独特性以及灵性的特质，因此谢霆锋选择了做自己领域的专家。我认为谢霆锋选择的演艺道路，会让观众记住他独特的风格。除了表演，他还喜欢幕后导演和策划。他应该会学习别人的专长，尤其融合来自外国的影响，形成自己独特的风格。无论从事何种工作，他都会带上一些艺术和灵性的色彩。我相信他一定会从事一些国外相关的事业，并且取得相当的成功。

心愿数字

心愿数字也被称为“灵魂深处的愿望”，它是灵数学上一个非常重要的数字。不过说起重要性来，它位列第三，排在主命数字和使命数字之后。这个数字一般不会在人前显现，它代表了一个人内心隐藏的渴望和个人的喜好憎恶，这些都是很隐私的信息。无论主命数是几（生来是何人），也无论使命数是几（将成为何人），心愿数字代表的都是我们的价值观所在，以及日常生活背后的内心驱动力。我们需要满足心愿数字所代表的需求，这样才能够给我们带来一种内心的愉快和满足。

这个数字是由姓名中所有的元音（A，E，I，O，U）组成的。我们需要注意的是，所谓的姓名指的是出生证上面的名字。将姓名的拼音写下来，将其中的字母转换为数字，相加直至得到一个个位数（或者是卓越数字也可），这个数字就是心愿数字。

在音节中没有其他元音的情况下，如 Lynn、Carolyn，字母“Y”应该当成元音处理。此外，如果字母“Y”前面有一个元音，并且它与这个元音组成了同一个音节，这个时候字母“Y”也应被当成元音处理。如果字母“W”前面有一个元音，并且它与这个元音组成了同一个音节，这个时候字母“W”也应被当成元音处理，如 Bradshaw。

表 1：元音字母与数字换算表

1	2	3	4	5	6	7	8	9
A	–	–	–	E	–	–	–	I
–	–	–	–	–	O	–	–	–
–	–	U	–	W*	–	Y*	–	–

*除了常见的五个元音外，字母 W、Y 在一些特定情况下也可以当成元音处理，但是在汉语拼音里，很少遇到这类情况。

心愿数字所代表的含义如下：

1

心愿数字为 1 的人在战胜对手的时候会得到最大的满足。不管他们做什么，都希望自己能取得最后的胜利。如果没有获胜，他们就会感到没有价值，或者无法得到别人承认。

他们渴望鹤立鸡群，与众不同。他们觉得自己在人世间应当成就一番事业，不过需要时间去发现自己追求的到底是什么。他们希望能够得到别人的赞赏和承认，希望能得到强有力的伙伴支持、帮助自己。

2

心愿数字为 2 的人最希望得到爱和平衡。他们通过调停和外交才能解决争端之后就会产生一种发自内心的满足感。他们如果碰上无法解决的争端就会感到一种深深的沮丧和挫败感。

他们喜欢平衡，愿意过一种简单快乐的生活。他们渴望和平和宁静，不喜欢人多拥挤的地方，不然会感到紧张不安。他们喜欢精致的东西，如艺术和轻柔的治疗音乐。他们害怕独自一人，期望找到自己的另一半和灵魂伴侣。他们的伴侣需要了解他们的所需，需要外表整齐干净、关心他人。他们喜欢谦恭有礼、温柔大方、言谈有度的人。

3

心愿数字为3的人从事具有创造性的活动最能够给自己带来满足。他们的口才和写作能力都很出色，如果能够在这方面得到别人的认同，他们就能获得一种价值感。他们出去游玩或参与各种社交活动的时候会产生一种由衷的满足感。

他们希望能够很好地表达自己的情绪、需求以及创造力。如果能够向别人展现自己在音乐、舞蹈、设计方面的才华，让别人感受到乐趣，他们就会觉得非常高兴。他们喜欢激励他人，想将喜乐和欢笑带给大家。他们希望自己的另一半能够和自己很好地交流，具有幽默感。他们也希望自己的伴侣能够偶尔管一管他们，给他们一些中肯的建议。他们希望无论自己的梦想有多疯狂，伴侣都能够支持他们。当然，一定要给他们足够的个人空间。

4

心愿数字为 4 的人必须拥有专长以及富足的生活，才能够有安全感。他们不喜欢负债，喜欢稳定而坚固的家庭，如此才能感到幸福。如果别人认可并且赞赏他们的专业技能和知识，他们就会感到一种内心的满足。

他们喜欢买资产，喜欢稳定的工作和商业投资。他们需要周围人的忠诚和承诺，不喜欢变化，热爱稳定和安全。找伴侣的时候他们要求对方诚实稳重、真诚可靠，能够给他们提供财务上的支持以及长久的承诺。他们经常被既聪明又有才华的异乡人所吸引。

5

心愿数字为 5 的人生命中的头等大事就是自由。对他们来说，想去哪里就去哪里，想干什么就干什么，这样才会感到快乐。他们需要无限制地享受生活，如此才能够得到生命的满足。

他们需要身体和心灵的双重自由。精神上，他们追求新知识、新技能，不断更新自己的头脑。他们喜欢读书上网，参加各种培训等。不过另一方面他们也容易沉迷于酒精、毒品以及性乱。现实生活中，他们是冒险家、旅行家，热爱挑战，热爱探险，热爱刺激。他们的伴侣需要分享他们在游戏、探险、郊游以及猜谜上的爱好。另外，他们的另一半也必须了解他们对于自由的那种发自内心的热爱和追求。

6

心愿数字为 6 的人老是希望自己成为别人的救世主，得到别人的赞赏。他们极其渴望别人的认同，如果家人、朋友、周围的同事夸他们一两句，他们的心里就会乐开花。毕竟他们为周围的人做了这么多的事，因此得到一两句夸奖也是情理之中的事情！

他们想让自己的生活充满美好、爱心和安全感，对自己的家人特别有保护欲，愿意为了爱的人牺牲自己的个人幸福。他们渴望过奢华舒适的生活，对于艺术、音乐、手工以及室内设计都有很好的鉴赏能力。

他们渴望得到浪漫多情的伴侣。他们总是吸引到外表迷人、事业有成的人士。他们想把自己的家布置成一个温暖舒适的小窝，对自己的孩子要求也特别高。

7

心愿数字为7的人会花大量的时间和精力去了解自己周围的世界究竟是怎么一回事。大自然的旖旎风光深深地吸引着他们。他们愿意花时间一个人静静地冥想，让自我沉浸在宇宙的智慧之中，内心得到一种深深的满足。

他们有一种探索深层智慧的冲动，总是在寻求幸福的真谛。他们想了解宇宙的奥秘，对于空间和隐私有一种特别的需求。周围的人总觉得他们沉默寡言，不爱与人分享信息，常常误解他们。他们热爱旅行，热爱探索，一想到要到别的地方、别的国家或者别的文化氛围里生活，就会感到莫名的兴奋。他们的伴侣需要头脑聪颖、幽默风趣，能够了解他们说的一些带讽刺性的笑话。更重要的是，他们的另一半需要尊重他们对于空间的需求。他们希望自己的伴侣和自己一样热爱知识和旅行。

8

心愿数字为8的人渴望得到权力和地位，达到物质上的满足和成功。对于他们来说，真正的幸福来源于财务自由或者建立成功的商业王国。往小里说，他们至少要找到一份完美的工作。必须要在自己奋斗的环境里建立自己的地位，这样才能够满足他们内心的渴望。

为了财务自由和权力，他们兢兢业业，努力工作。从很小的时候，他们就了解世界上没有免费的午餐，一看到周围的人晃晃荡荡无所事事，他们就会觉得那些人在浪费时间，感到十分恼火。他们想要掌控自己的人生，渴望尊重和成功。他们不太会去做志愿者的工作，但是却会捐基金或大量钱财建庇护所、学校或者孤儿院。他们希望自己的伴侣能够帮助他们照顾好家庭，这样他们就可以腾出时间来打拼自己的事业。他们的伴侣必须精明能干、温暖有力、社交能力出众。除此之外，他们还希望自己的伴侣有能力招待他们的朋友或者是商业合作伙伴。

9

心愿数字为 9 的人希望自己能够为全人类的福祉做出贡献。他们内心深处的满足和幸福来源于社会因他们的努力而有所改变。他们不仅希望自己的人生过得充实，也希望可以帮助别人。

他们渴望自己的人生旅途充满激情和能量。他们对弱势群体和小动物总是充满同情心。他们希望改造自己的工作、所处的行业、社会甚至是国家。他们愿意为周围的朋友、同事，甚至是不相干的人提供帮助。有的时候别人会利用他们的善良和好心。他们总怀有一种改造的热情，因此适合在音乐、美食、医学、精神治愈或者人道主义工作上开创革命性的变化。他们需要自己的另一半忠诚可靠、热情细致，同时了解和体谅他们对生命的看法和态度。

11

心愿数字为 11 的人有一种和自己年龄不相称的智慧。他们小时候就已经对生活有了相当的洞见，周围的人不一定能觉察得到。他们天生喜爱和平，总能够调停纠纷、创造和谐的关系和氛围。他们有成为治疗者和预言家的天分。他们必须找到生命的意义为之努力，不然就无法得到内心的平静。思想和哲学领域非常适合他们，他们会更多地追求精神方面的发展，而不是物质上面的成功。

说到治疗能力，他们在传统的医药领域并不擅长，在哲学和宗教领域却能够得到相当的发展。他们不断追求开悟，直觉很强，十分敏感。别人的任何微弱的身体语言或内心的情感变化都逃不过他们的眼睛。他们也能够清楚地了解别人的想法和价值观。

22

心愿数字为 22 的人希望通过自己的努力给人类带来长远的变化。比如建立一个新的政党，开创一个新的工业，或者建立一套全新的信仰。他们内心强大，有不竭的动力追求宏大的事业。

22 和 11 同样都是卓越数字。22 这个数字代表的是聪颖、原创性和觉知。它不仅具有数字 11 的原创性，还有数字 4 所代表的实际性。这个数字可以说是独一无二，通常能够让拥有这个数字的人取得相当大的成就。数字 22 也代表情绪上的影响。为了达成目标，他们必须专注于自己的目标和事业。上天赐予的这条道路并不易走，在达到真正的成熟之前他们需要经过很多的历练，因此真正的成功一定是在相当的岁数之后。

人缘数字

所谓的人缘数字，是将姓名当中所有辅音字母所对应的数字相加，直至得到一个个位数（卓越数 11 和 22 除外），代表初次见面时我们展现在别人面前的方式以及我们的基本个性。人缘数字的能量深藏在每一个人的潜意识之中，对

每个人的个性塑造有着非常强的作用。

下面这个表格是辅音字母和数字的换算表：

表 2：辅音字母与数字换算表

1	2	3	4	5	6	7	8	9
-	B	C	D	-	F	G	H	-
J	K	L	M	N	-	P	Q	R
S	T	-	V	W*	X	Y*	Z	-

如果名字中的 W 和 Y 已经作为元音处理，就不再将这两个字母视为辅音了。

人缘数字所代表的含义如下：

1

人缘数字为 1 的人总是散发着一种自信和活力。在别人的眼中，他们很有能力，喜欢一切都要在自己的掌握之中。他们在困难面前会表现出勇敢和承担，从众人中脱颖而出。他们希望别人尊重自己、善待自己。他们对自己的外表特别在意，他们通常都穿着商务正装，其实颜色鲜亮活泼的色彩也很适合他们。简而言之，他们穿着时尚，走在潮流的前端，同时又保留了自己的风格。

只要稍稍有点超重，效果立刻就会在他们身上显示出来。他们的身材比一般人都容易受肥胖的影响，肥胖简直就是他们的魅力杀手，让他们苦心经营的形象瞬间崩塌。他们身材标准，十分适合剪裁合体、线条流畅的面料。这样的打扮可以彰显他们的领袖气质。

2

人缘数字为 2 的人总是显得和善随和、不装腔作势。他们身上有一种温柔和蔼的气场，自然地让人觉得有一种亲切感。在别人的眼里，他们完全不具有威胁性，特别具有亲和力，因此很受大家的欢迎。他们穿着干净而整洁，适合舒适柔软、优雅得体的装扮。他们应该避免简单和不起眼的穿着，稍微大胆一些，让自己的外表显得比较突出。他们作风细致，喜欢观察别人，不排斥他人的观点，因此泰然自若的得体装扮能够更好地彰显他们的特质。

他们待人包容，很有同情心，是一个很好的倾听者。他们总让别人感觉良好和重要。他们十分敏感，在纷争的环境中会感到紧张不安。为了避免纷争和矛盾的激化，他们会自然地从中协调，是一个很好的调停者。不过别人也能够看出他们这种对于和平的需求，因此小心不要因为自己的这种个性成了别人的替罪羊。如果别人低估了他们的能力，一定会感到后悔。因为人缘数字为 2 的人非常坚韧，不会在压力下屈服。

他们有绝佳的鉴赏力和良好的品味。他们举止优雅迷人，充分反映了内心的和谐和精致。

3

人缘数字为 3 的人简直就是万人迷。拥有这个数字的男性风度翩翩，拥有这个数字的女性优雅迷人。

他们富有魅力，能够激发周围人的情绪，非常具有感染力，他们自己的生活也充满了活力和色彩。他们机智幽默，热爱社交，对待生活的态度积极向上，和他们在一起能够让人感受到生活的乐趣。他们喜欢把自己打扮得漂漂亮亮的，钟爱昂贵的珠宝首饰，桃花运特别好，是异性追求的对象。

他们生性浪漫，富有激情，热情友好，待人大方。常常迅速地坠入爱河，然后又毫无缘由地和别人分手。他们不应滥用自己的魅力，不然一旦控制不好就会给他们惹上很大的麻烦。他们应该学习如何建立和维持一段长久的亲密关系。

他们需要控制自己的虚荣，不要过于依赖别人的注意力。他们也要明白承诺的含义，不要过于情绪化和大惊小怪。如果掌握不好平衡，他们就会变得肤浅轻浮，只会喜欢那些浮在表面的玩乐和嬉闹。

4

人缘数字为 4 的人给人一种信赖感和稳定感。周围的人信任他们，从不怀疑他们的决定。他们能力出众、举止有度，是任何公司的基石。他们衣着传统而朴素，没有什么花边装饰，这体现了他们经济节约、实际能干的作风。他们希望给人一种诚实正直、严谨自控的形象。所有这些实际的装扮和作风都体现了他们重视工作的性格特质。他们希望别人通过他们的工作而不是外表来对他们进行判断。

他们勤俭节约、重视金钱的价值。他们希望自己的未来安全而有保障，自己的家人能够有一个可靠的港湾。不过因为太过实际，总给人一种僵硬的学究印象。他们着装保守、色调暗沉，其实一两件装饰品就可以增添他们的色彩；他们也可以穿些色调明亮的衣服，这样可以中和他们过于严肃的个性。比如在穿西装的时候，配一条亮色的领带，或者点缀一两件饰品。

5

人缘数字为 5 的人有激情，有创意，走到哪里都是亮点和中心。他们谈吐机智、口才很好、魅力十足，是天生的销售人才。他们重视自己的独立性，把生活看做是一个冒险；他们个性开朗、充满自信、精力旺盛，必须要给自己的精力找到一个出口；他们体格健壮、身材很好、动作灵活，散发着一股阳光的味道，迷人的个性很容易感染到周围的人。

他们喜欢刺激感官的东西，如美食、酒精、性和毒品，因此十分容易沉迷在不良的生活嗜好中。节制对他们来说十分重要。如果不懂节制，他们有可能会变成感官的奴隶。

他们天性喜爱夸张时尚的东西，因此多彩出众的服饰很适合他们。当然，着装的时候一定要注意周围的环境，低调些对他们会更好。

6

人缘数字为 6 的人浑身上下散发着一种温柔和亲善。他们待人友好，对事公平，总是能够吸引到那些需要安慰的人们。人们喜欢接近他们，向他们袒露自己的灵魂，释放自己的压力。在他们面前人们觉得放松自在，能够找回自信。

他们热爱公平正义。为了他人的幸福维护和平，他们宁愿牺牲自己的欲望和需求。不过太委曲求全也会出问题，有的时候别人会利用这一点，而他们则觉得自己成了受害者。

他们总是觉得所有的人都是好人，有的时候会判断失误。他们还喜欢掺和别人的家事，有的时候陷得太深而不自知。他们热情友好，热爱自己的家，喜欢小孩子，是出色的父母。他们诚实可靠，关心他人，有一种理想主义的情怀。他们很有创意，喜欢音乐、盆栽和园艺。他们对色彩有一种独特的鉴别力，品味出众，因此也非常适合做室内设计。

他们不太关心所谓的外表和时尚，关注的是人的情感和内心。他们的穿着以实用和舒适为主，他们觉得多余的装饰完全没有必要。

7

人缘数字为 7 的人总给人一种独特神秘的印象。他们为人稳重，有一种学者气质，不依靠任何人，自给自足，周围的人羡慕他们超群的智慧和才华。他们不是用热情和亲和力征服别人，而是以自己对生活的洞见让人折服。

他们喜欢沉浸在自己的世界中，很难被人理解。他们天生具有一种贵族和学者气质，不过要避免傲慢，不要显得自己什么都知道。他们有的时候一点都不关注自己穿什么、怎么穿，而有的时候非常注意自己的着装，希望给别人留下很深的印象。

他们不管穿什么都有一种高贵的气质，稍稍修饰一下更会凸显这种气场。穿着得体会让他们的自信增强。

8

人缘数字为 8 的人给人一种精明强干的感觉。他们个性强烈，很容易给周围的人造成深刻的印象。他们很有能力、热情精明、说话权威、相当自信，很容易吸引有资源的人。他们办事高效，说一不二，周围的人会自动服从他们。他们也愿意帮助别人，但是会先审查对方值不值得自己帮助。

他们必须注意自己的着装。因为自身散发的那种原始不加修饰的力量，必须要经过服饰的琢磨和润色才能更好地发挥作用。他们也可以穿得鲜亮一些，这不会影响他们的权威感。另外，他们对于品质十分重视，一定要穿品质好的服装。

9

人缘数字为 9 的人具有一种贵族气质，能给人留下深刻印象。不管高矮胖瘦，他们都显得高贵大方。他们十分注意自己的着装以及服饰传达给他人的信息。

许多演员、舞蹈家以及表演艺术家的人缘数字都是9。他们举止优雅、从容不迫，相当具有吸引力。人们不是深深被他们所吸引，就是嫉妒他们的举止。人缘数字为9的人一点都不怕人家嫉妒自己、看轻自己。相反，他们会纵容别人的这种恶意，用自己的傲慢对抗别人的攻击。人缘数字为9的人应该注意的也是这点：有时候不要显得居高临下、过于清高，似乎全世界就只有他们手握真理似的。他们需要脚踏大地，紧密和周围的人相连。当然，他们热爱自己的兄弟姐妹，希望用自己的努力改善这个世界和他人的生活。

他们适合较大的舞台，解决更加普世性的问题而不是较个人化的问题。他们应该为社会、人类的福祉做出贡献，而不是专注于单个人的研究。

11

人缘数字为11的人兢兢业业地努力，希望得到他人的认可，克服自身的羞涩。他们小时候甚至乃至二十几岁的时候，神经方面都容易紧张，每当这个时候他们就会咬指甲或者用别的方式来缓解自己的情绪。

他们十分敏感、直觉很强，比其他人都要脆弱。因此交朋友对他们来说更是一件慎重的事情。他们很容易受到伤害，一生当中，似乎总是会被一两个狡猾精明的人欺骗。在别人的眼中，他们非常温柔、亲切有礼，如同一弯明月，完全没有任何威胁性。这大概就是别人喜欢他们的原因吧。他们穿着整洁，挑选衣服的时候，要找那些面料柔软、贴身舒适的穿着。

22

11 和 22 都是卓越数字，这两个数字往往暗示了强大的能量。人缘数字为 22 的人非常敏感，很有智慧，也相当有创造性。他们不仅具有 11 所暗示的原创才华，还具有数字 4 所代表的实际。这种组合几乎让拥有这个数字的人没有办不成的事。

不管他们自己是否明了，这个数字的能量都是相当强大的。刚开始这种能量是蛰伏的，慢慢地就会察觉到它的存在了。早期这种能量的发展并不顺畅，会造成内在的冲突和困惑。拥有这个数字的人一方面觉得自己和别人不一样，拥有相当的潜能；另一方面又觉得自己低人一等，没有安全感。这种冲突造成了自我怀疑和缺乏自信。但是随着时间的发展，这种能量会渐渐成型，成为无可阻挡的动力。为了驾驭它，当事人必须拥有一个高尚的目标。他们常常会换工作，直到发现自己应该为之努力的领域。

他们既有远见又有实干作风，能够激励周围的人，成为很好的领袖。他们的远见和创意远远超出周围的人，能够激发别人的激情和忠诚。他们适合在大企业或政府机关工作。越难的工作，他们越可以用自己的组织才能和外交才能处理得很好。他们才华出众，也会面临众多物质和精神上的试炼。他们要注意自己傲慢的态度，不要给人一种居高临下的印象。不要认为只有自己的意见才是正确的，别人的建议和支持都微不足道。他们应避免过度追求权力和自我中心，避免在家里形成一言堂。

使命数字

所谓使命数字，是将姓名（拼音）中的所有字母转换成相应的数字，再将所有数字加总最后形成的个位数。这个数字的名称有两个，但一般被称为使命数字，这个叫法反映了其在生命灵数学中的重要地位。父母给的姓名所包含的使命数字反映了人这一生必须要完成的职责、必须要平衡的因果。一个人的全名代表了此人具有的技能和面临的机遇。更准确地说，它代表了一个人潜在的可能性以及命运最有可能的发展方向。想要实现自己姓名中蕴含的数字所代表的含义并不容易，但这是每个人的重要人生课题，必须要勇敢地面对。使命数字代表着一个人的使命以及要面临的机遇。如果说主命数字代表的是一个人当下的情况，那么使命数字则告诉我们这个人将来必须完成的职责以及实现的方式。

计算使命数字的时候，我们需要将名字标注上拼音，然后使用字母与数字的转换表（见 P151 表 3），将拼音中的每个字母转换成相应的数字，最后将所有字母所对应的数字相加，直至得到一个个位数。

我们需要注意的是，不要使用小名或者是笔名，另外也不要遗漏字母或使用非正式的书写方式。使用出生证上所显示的名字即可。如果是已婚人士随了夫姓，计算的时候也要使用自己未嫁时的本名。另外，如果名字中含有类似于 Jr.，Sr.，III 这样的缩写也没有必要计算进来，忽略即可。

上面所说的规则只有一种例外情况：如果出生不久即被领养，那么应该使用养父母给取的姓名。

下面的表格是字母和数字的换算表：

表 3：字母与数字换算表

1	2	3	4	5	6	7	8	9
A	B	C	D	E	F	G	H	I
J	K	L	M	N	O	P	Q	R
S	T	U	V	W*	X	Y*	Z	–

** 如果名字中的 W 和 Y 已经作为元音处理，就不再将这两个字母视为辅音了。*

例如 DAVID MICHAEL McCLAIN 这个名字，David 的数字是 22/4；Michael 的数字是 33/6；McClain 的数字是 28，进一步相加成一个个位数是 10/1。那么他的使命数字就是 4+6+1=11，11 的个位和十位相加得到的数字是 2，那么这个人的使命数字就是 11/2。

使命数字所代表的含义如下：

1

使命数为 1 的人应该学习掌控自己的人生，成为一名领导者。拥有这个数字的人能够取得相应的能力，成为管理能力出色的执行官、销售专家或企业家。他们具有很强的原创能力，能够轻松化解危机，是解决问题的专家。

他们一般注重大面和框架，需要别人来处理细节，除非主命数字显示他们喜欢亲力亲为。这样的人仅凭自己就可以闯出一片天地。随着时间的推移，他们的潜力会慢慢发挥出来，也不会再听命于人。他们的天性就是要自己做主，摆脱所有的限制。

生活在前进，他们的视野和眼界也会渐渐开阔，发现新职业，想出新点子。命运也要求他们必须增强自己在原创力和创意方面的能力和水平。他们头脑聪颖、能力出众，能够取得相当大的成就和物质上的丰厚回报。一般来说，使命数为 1 的人通常会运用他们的勤勉和能力开创一家公司，或者在现有的成就上更上一层楼。

随着自我的成功，命运会让他们更加坚定和不可战胜。他们的自信和独立性会更加强化，意志力和勇气也会增强。

使命数为 1 也代表不喜欢规则和规矩。他们常常表现得比较急躁，害怕自己落在别人后面。这个数字的负面能量在于自恋和过于自以为是，对谁都充满敌意，很难相处。就算是为了完成自己的使命也没有必要一天到晚采取一种充满敌意和对抗的态度。真正意义上的管理和领导工作靠的并不是高压统治和破坏。

2

使命数为 2 的人此生必须要对人性发展出更深的理解。此外，他们还必须发展精神领域的洞察力。数字 2 代表了与人共事和相处的能力，拥有这个使命数的人，做中介、谈判和调停方面的工作是最合适不过了。而且随着时间的推移，他们会对他人的感受更为敏感，在处理复杂的事件和情况上更加得心应手。

使命数为 2 或 11/2 的人具有很强的精神力量。他们能够成为他人的榜样和动力的来源。他们内心强大、高度敏感，非常适合做导师、社会工作者、学者以及顾问。周围环境的任何一点细小的变化都逃不过他们的眼睛。使命数为 2 的人直觉很强，有的人甚至具备了通灵的能力。许多研究神秘学的人士都受到使命数 2 的影响。简而言之，数字 2 拥有一种其他数字不具备的精神力量。

使命数为 2 的人常常依赖他人，他们在合资公司或者是社会活动中工作是最合适不过了。他们年纪越大，就会变得越谦虚。因此他们自己也要适应这种默默无闻的奉献和工作。

即使别人抢了他们的创意或者功劳，他们也不太在乎。团队对他们来说是最重要的。他们喜欢团队合作，待人温文有礼，思考十分周密，是任何组织不可缺少的人才。他们十分注重细节，从不遗漏任何事项，在管理和组织方面也会采取同样的风格。

他们很有外交手腕，总是让人如沐春风，因此所有的人都会欣赏和认同他们的才华。他们有一种理想主义的情怀，不是物质和金钱的奴隶。使命数为 2 的人最积极的一面就是对任何事都采取一种乐观的态度，卓越数字为 11/2 的人尤其如此。

数字 2 的负面能量也不容忽视。使命数为 2 的人过度敏感，别人无意中就会冒犯他们。太多数字 2 的能量也会让人变得胆小害羞，犹豫不决。另外，过多的 2 也会让人变得懒惰，对手头的事情不感兴趣。在这种情况下，2 的优点，即处理细节的能力也显现不出来。

有一些受到数字 2，尤其是卓越数字 11/2 影响的人，时常会觉得精神紧张。他们脸皮太薄，过于情绪化，老是沉迷于做白日梦，不采取任何行动。有时他们会搞不清楚想象和现实的界限，一点都不实际。他们需要注意数字 2 所带来的负面能量，别人不接受他们观点的时候不要强迫别人接受自己的看法。

3

使命数为 3 的人必须要让自己的人生充满创意的激情和激励的力量。他们走到哪里，就能够将阳光和欢笑带到哪里。使命数为 3 的人不仅自己需要享受生活的欢乐，还需要教会别人热情生活。

他们要在自己的人生道路上不断地激励别人，比如说看到伤心的人就上去开导几句,或者成为一名出色的舞台表演者为大家带来激情。大多数使命数为3的人都会成为他人生活中的开心果。他们天生就对写作、演讲、唱歌、表演或者教学感兴趣。这种对艺术的兴趣和好奇心无法抑制，不过能不能发挥这方面的创造力那是另外一回事了。

他们天生适合做销售，不管什么产品都能卖出去。他们做得最好的大概就是把自己推销出去了。他们的打扮都很出彩，能够点亮任何环境，是公共关系专家。

随着年纪的增长，他们依然会保持对生命和精致生活的热情。他们外向友好、口才伶俐、魅力十足、很有人缘。他们应当注意更好地发展自己的沟通技巧，从而激励和鼓舞他人。

对于使命数为3的人来说，朋友是非常重要的，他们也需要成为别人真正的朋友。只有真正理解了这一点，他们才能得到成功。他们越是多交朋友，越能得到更大的成功。

数字3的负面能量如果过多，也会容易变得浅薄。他们可能会浪费太多能量在肤浅的事情上面。拥有这个使命数的人不要老是在芝麻小事上浪费工夫，另外也不要说别人的闲话。

4

使命数为4的人此生必须学习获得归属感、无私的服务和管理技巧。随着年纪的增长，他们必须让自己更具有现实感，更明事理，更讲究方法。他们想要达到自己目标的话，必须要忍受长时间枯燥困难的工作。

他们注意细节，能够在建筑、工程以及其他需要动手动脑的专业领域取得成就。他们也能够发展自己在科技领域的写作和教学才能。在所有的艺术门类中，他们比较偏爱音乐，也喜欢园艺和插花。许多医生的使命数字都是 4，专科医生尤其如此。在那些偏重计划、组织、管理以及决心的领域，他们比较容易取得成功。

许多使命数为 4 的人通常都能在物质世界取得极大的成功。如果拥有卓越数字 22/4 的话更加如此。人们称卓越数字 22/4 的人为“企业家导师”，其实所有数字 4 都具有类似的才华。

使命数为 4 的人十分注重道德标准，选朋友的时候忠诚是非常重要的。他们对无法达到自己标准的人会非常失望。他们做事实际，很有道德感，经常无私地帮助别人，与熟人和朋友相处都十分愉快。

数字 4 的负面能量也不容忽视。拥有这个数字的人觉得只有自己才最重要，希望什么都在自己的掌控之中。如果一个人的生命灵数中有很多 4 的话，这种负面能量一定会显示出来。这样的人就会觉得负担太重，容易紧张和恼怒。

所有使命数为 4 的人，尤其是 22/4 的人，常常不按常理出牌，甚至到了让人讶异的程度。使命数为 4 的负面能量可以让人变得专制强暴。对于他们来说，需要避免采取过于僵化、固执以及充满个人偏见的行为，也要避免过于强烈的个人憎恶，特别是对于他人的偏见。

5

使命数为 5 的人，这一生需要成为改革的先导、自由的先锋、先进思想和行动的发起人。他们一生多才多艺，能够同时处理很多事情，这可不是一件容易的事，他们需要发展自己在这方面的技能。此外，他们还需要发展自己的自主能力，需要用自己的热情达到完全的独立。

在这个过程中，他们必须学会变通和转变。

他们在成长的过程中应当学会更好地表达自己的观点以及使用周围的人的力量来达到自己的目标。他们能够在任何与销售相关的行业取得成功，也能够毫不费力地和三教九流打交道。他们头脑聪明、很会办事、脑筋转得特别快，无论做什么职业都可以。

他们需要学习快速地适应周围环境的变化，也要懂得及时放手过时的思维和方式。他们需要把自己的精力放在学习先进的思想和为人类带来启蒙上，而不是仅仅成为一个叛逆青年。他们一旦对不同类型的人都有了深入的了解，就能够进一步开拓自己的视野。

使命数为5的人能在很多不同的环境中工作。他们喜欢管理别人，因此市政类的工作很适合他们。另外他们也会在媒体、公关、推销等销售和娱乐业发展顺利。他们的兴趣经常变化，因此不会在同一个岗位待很长时间，总是在不停地变换工作。

不过如果数字5的能量太强也会带来负面影响。他们会性格急躁，没有耐性，很难在同一份工作上坚持很久。他们也会给人一种无法捉摸的感觉，浪费自己的精力在各种不相干的事情上，很难在办公室待着或者遵守公司的规章制度。他们虽然很聪明，却会犯同样的错误。别人要是提醒他们，他们不但不会知错就改，反而会不耐烦。

6

使命数为6的人必须发展一种稳定性、责任感以及对人的同情心。他们勤奋努力，热爱家人，能够消除周围环境中所有不和谐的因素。他们应当学会帮助和安慰那些受苦的人。他们天生就能够和老人、小孩、病患和遭受痛苦的人们打交道。

有一句老话叫做“慈善始于家庭”。使命数为6的人在家里发挥着非常重要的作用。他们会成为优秀的负责的父母，喜爱家庭生活。他们诚实正直，对待朋友和家人都非常好。对他们来说，完美的家就是自己的理想。而如果能够充分发挥出数字6的力量，他们一定能够取得更多的成就和满足。

他们很有艺术和创作才华。然而因为天性无私，他们更希望将自己的精力用于改善家人和社区的生活上。使命数为6的人通常从事医疗、慈善、教育、艺术、家居装修、室内设计、绿化、住宅建筑、宗教信仰以及其他科学领域的工作。如果发挥数字6的正面能量，他们就会关心他人，喜爱社交，对生活充满了感激。他们一定要抱着对人性深深的理解和同情心，才会待人友好，热情大方。

什么事情都是物极必反。数字6的负面能量会让人固执己见，装模作样，一派家长作风。他们不仅对别人要求太多，对自己也非常苛刻。有的时候为了别人的利益，他们会牺牲自己或者自己心爱的人。很多使命数为6的人都会超时工作。而有的使命数为6的人会过于热情，在对待别人的事情上分不清楚帮忙和干涉的界限。

7

使命数为7的人应当致力于思考和学习的深度，以及对真理的追求。换句话说，他们必须学会分析、评估和辨别周围的事物，研究每一个细节，从而对研究的主题取得一种深刻的理解。他们也会因为这种分析过程变得内向，因此要学会欣赏孤独和清静的力量。

他们对于精神领域的课题都相当感兴趣，喜欢探索和追求神秘的事物。另外，他们无论做什么都能够成为那个领域的专家。无论是研究科学技术还是玄学宗教，他们都会竭尽全力进行探索，因此能够成为很好的导师。另外由于自己的神秘倾向，他们会特别致力于宗教以及神秘现象的研究。他们能将复杂的事物抽丝剥茧，抓住任何课题的根本和实质。

他们做事的方式与众不同，很难被周围的朋友理解。成年后他们会有一种镇静自若的气场。他们喜欢用自己的方式和步调做自己的事情，不太会表达自己的感情。

使命数为 7 的正面力量可以促成一个真正的完美主义者。他们十分理智，做任何事情都有一种平衡的美感。有的时候过于理性会让人觉得缺乏感情。因此每当遇到感情纠纷，对他们来说总是一个难题。

如果数字 7 的能量过于明显，那么它的负面能量就会显现出来。包括对人的不信任、过于自闭，或者自我中心。其他的负面能量还包括心胸狭窄，以及老是喜欢批评别人。

8

使命数为 8 的人会努力工作，达到物质成功，取得社会地位，超越自己的同龄人。他们野心很大，目标性很强。如果能够充分发挥数字 8 的正面能量，他们就能够取得相当大的成功。他们凡事都会计划周详，将手头的事情执行到底。他们做事坚持，是值得信任的人。

数字 8 能够在管理岗位上不断晋升和提高自己。除此之外，他们的指导和组织能力也相当出色。无论是从商还是从政都能够取得相当的成就。另外，他们办事高效、精明强干，能够很好地创建和管理自己的事业。

他们很有商业眼光，很会赚钱，懂得如何赚取和积累自己的财产，因此在物质生活方面会十分富足。他们懂得不同人的性格优缺点，这会帮助他们取得事业的成功。另外他们是实干家，判断力精准，做任何事情都会从实际出发。

使命数为 8 的人能够敲定一个计划，迅速地将其执行。在这一点上没有人能够比得过他们。同样，他们的自信也无人能及。

当然，数字 8 的能量过多也会造成相应的问题。比如说，控制欲过强，不肯改变，难于驾驭。此外，他们野心太大，不安于现状，对于进展过慢的情况缺乏耐心，脾气暴躁。另外数字 8 的负面能量还在于对人对己过于苛刻，要求太高，没有耐性。使命数为 8 的人追求金钱和名利，有时过于极端，反而对自己有害无利。他们不应该只关注于财富、权利、物质回报和社会地位，过于注重这些会破坏他们生命中其他重要的东西。

9

使命数为 9 的人希望从事慈善和人道主义的事业。他们希望追求普世的智慧和价值。他们如果跟随自己内心深处的声音，保持对人类的深切同情心，对别人的需求给予回应，就是在真正地履行自己的使命。

他们命中注定是“大哥大”、“大姐大”的类型，这也代表着他们需要与人合作，激励他人，并且要服务大众。

使命数为 9 的人很有创意，想象力出众，而且具有一流的艺术才华。他们能够在许多领域取得成功，比如咨询、医疗、法律、艺术、外交、宗教等。

对于他们来说，志同道合的关系、伙伴和朋友，以及对人的同情心都是非常重要的。他们要将自己的个人追求和大众的福祉联系起来，永远保持一种开阔的心胸，永远保持慈悲心和包容心。如果能够真正活出使命 9 的要求，他们就能够深刻了解人性，取得无法估量的成功，对同胞生活做出巨大的贡献。

如果使命 9 的正面特质没有发挥出来，受此影响的人会变得非常自我和自私，与人共事的时候会显示出与数字 9 相反的特质。他们的天性就是关心他人、照顾别人的需求，但是“无私”说起来容易做起来难。如果使命数为 9 的人表现出冷淡、冷漠以及缺乏同情心的话，会使这个数字蒙尘。

11

参见使命数字 2 的解释。

22

参见使命数字 4 的解释。

第十章 如何画出自己的九宫格

迟序之数，非出神怪，有形可检，有数可推。

——祖冲之，南北朝时期数学家

10

生命灵数不仅仅是指我们在上面章节所讨论过的在姓名和生日中所包含的核心数字，如主命数字、心愿数字、人缘数字、使命数字、性格数字、以及成长/态度数字。你知道吗？仅仅通过生日，我们就能够发现更多隐藏的信息。通过了解这些信息，我们可以更清楚地了解自己所拥有的才华和技能。另外，我们也能够通过生日中所缺少的数字来了解它们对我们的生活所造成的影响。

我们称这种计算方法为“九宫格”。它只需要用到我们的出生日期。

画出自己的九宫格，第一步是画三条横线，三条竖线，六条主线互相交叉形成一个表格。

第一条竖线包含了数字1、2、3。

第二条竖线包含了数字4、5、6。

第三条竖线包含了数字7、8、9。

第一条横线包含了数字1、4、7。

第二条横线包含了数字2、5、8。

第三条横线包含了数字3、6、9。

数字0没有包含在这个表格当中。因为数字0通常被看做是“宇宙数字”，不能和其他9个数字相提并论。不过，我们还是要将数字0单独列出来，它有自身单独的能量场。0这个数字无所不在，它代表了某些机遇以及直觉的力量。

下面这个图就是我们所说的九宫格：

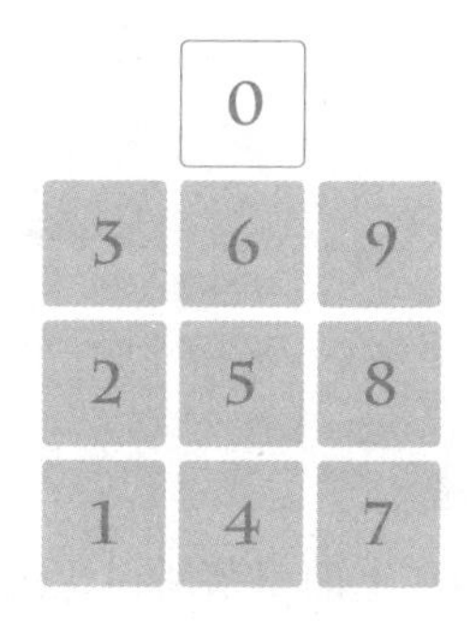

简单说明一下各条线的含义：

三条竖线：1、2、3线（个人方面）是社交、口才、信心线；4、5、6线（与人交互、集体活动方面）是人际关系、组织能力线；7、8、9线（事业方面）是影响力、权威、贵人线。

三条横线：1、4、7线（物质方面）是物质与组织线；2、5、8线（情绪方面）是管理金钱和感情线；3、6、9线（思维方面）是创意、心灵、艺术线。

根据上面的提示画出九宫格之后，接下来就要画出你自己的九宫格。将出生日期中的所有数字在九宫格里用圆圈圈出来，这代表了一个人与生俱来的数字；之后，将出生日期的所有数字加起来，得到一个两位数，在九宫格里把对应的数字用三角形框出来*；最后，将这个两位数的个位和十位相加，得到一个

* 若出生日期的所有数字相加后得到的两位数，继续相加仍是两位数，三角形框出的应该仍是之前的两位数。如1960年5月7日，所有数字相加后是28，2和8相加是10，在这种情况下，三角形框出的应是2和8，而不是1和0。

个位数，也即主命数，在九宫格里把对应的数字用方框框起来。

举个例子：

出生日期：1960年3月5日。

将所有数字相加，得到一个“两位数”，继续相加得到“主命数”：

1+9+6+0+3+5=24（这个两位数代表了需要自身努力培养的能力，通常在35岁之后对一个人产生重大影响）。

2+4=6，6为主命数。

将圆圈、三角形和方块在九宫图上标注出来之后，各个数字的水平线、垂直线以及对角线关系就出来了。如图：

从这些水平线、垂直线以及对角线中，我们可以看出一个人的个性、优点以及弱点。

我们来具体说说不同线的含义。

1、4、7线：物质与组织线

如果1、4、7连成了一条完整的线，我们可以推断这个人一定非常实际。他/她希望能够满足自己的物质所需，工作上有明确的目标，最大的希望就是能够取得物质财富的成功。

每个人都包含了物质、情感以及思想三个方面。1、4、7线完整的人对于物质有非常强烈的欲望。此外他们分析能力很强，能够深入了解经济，野心勃勃。

这条线的重点在于实际和物质，它关注的是现实，而不是创意。如果这条线的能量非常明显的话，这个人一定非常务实。

如果1、4、7这条线不完整的话……

缺少1

缺少1的人分析能力很强，但是没有动力。简而言之，他们会说不会做。即使他们工作得非常努力，得到了物质上的回报和成功，那也不是为了自己，而是为了别人。他们具有自我牺牲的精神，愿意为了别人而牺牲自己。这点对他们来说可能并不是一件好事，最后可能让自己因为别人的问题而陷入麻烦之中，该得的都没有得到。

缺少 4

缺少 4 的人不论是在金钱上还是在感情上都没有安全感。他们缺乏自信，不知道自己到底要什么。另外，他们不善于管理金钱，在事业发展和物质追求上常常受到人际关系的困扰。他们能力不足，对金钱也没有太大的期望，总是在努力地工作，可总是在为别人打工，最后富了老板富不了自己。

缺少 7

缺少 7 的人和缺少 4 的人一样，没有安全感。此外由于安全感的匮乏，他们会变得小气自私，而仅缺乏 4 的人不会这样。

另外，他们的人生信条就是靠自己、不靠别人，很难相信别人。他们的分析能力比较差，常常对情况做出错误的判断。另外，缺乏 7 的人不适合在股票或类似的投机市场进行投资。

2、5、8 线：管理金钱与感情线

这条线代表的是情感以及与心灵相关的事物。这条线完整的话，说明能够较好地管理和控制自己的情感和情绪。不过九宫格中的其他数字也能够对这条线产生影响。

这条线完整还表示能够管好自己和别人的财富。数字2代表挑剔、艺术细胞、情绪化；数字5代表先进的思想、出色的语言表达能力；数字8代表权力、执行力以及物质。如果这三个数字同时出现，表示这个人做事小心实际，不仅能够解决现实的问题，还有开阔的思维和心胸，懂得抓住机会，能够吸取先进的思想，最后取得物质和财富的成功。

如果2、5、8这条线不完整的话……

缺少2

缺少2的人无法和别人合作、不会让步，无法达成妥协。另外，他们不懂如何对待感情，对伴侣的情感和需求都很冷漠。他们很有主见，很难听取别人的意见。

缺少2的人在处理钱财上粗心大意，责任心不强。

缺少5

缺少5的人情绪不稳，无法很好地控制局面，常常感到沮丧和失望。数字5在东方哲学中代表的是土元素，拥有因果的能量（尤其是在感情上）。虽然5通常代表自由、沟通和行动，但是在爱情中它也可以代表“欲望”和“诱惑”。5也代表5种感官，它是1、2、3、4的结合。生日中缺乏5，并不代表无法获得爱情。

九宫格里缺乏数字5，但是拥有2和8的话，表示这个人不是过于敏感，老是依赖他人，就是总想控制自己的伴侣，让另一半听自己的话。另外还有一种极端的情况——一个缺乏5的人如果得不到感情上的满足，那么他/她就有可能发展出暴力倾向，甚至是以伤害和杀掉他人寻求报复。如果出现这种情况，有可能这个人的九宫格中数字2和8的负面能量过大。这种人常常会长时间地压抑自己的愤怒和负面思想，一旦爆发，就会对周围的人造成非常大的痛苦和伤害。

这种人得不到爱的满足，而往往又只会无意义地等待，在自己的体内积累了过多的负面能量。一旦达到某个临界点就会爆发，伤害自己，伤害他人。而讽刺的是，缺乏5的人往往不知道自己到底需要什么，内心深处最渴望的是什么。他们让周围的人和环境折磨自己，而往往自己完全意识不到。

缺乏5的人不喜欢承担风险，面对改变，因此当机会来临时他们未必能够准备好。正是这种不能变通的性格会导致他们损失财物。

缺少8

缺少8的人没有勇气面对困难，也无法当机立断。另外，他们老是纠结在过去的痛苦和不幸中无法脱身。在感情中也一样。他们一旦爱上某人，即使知道出了问题无法继续了也不愿意放弃。

他们需要学习放手，不要抓得太紧，不要显得太有控制欲。他们容易在亲密关系中迷失自己，失去控制，最后还有可能演变成身体和语言上的羞辱和攻击。

缺少8的人在金钱管理上很务实，不过他们也不太有野心，随波逐流，很难取得物质上的成功。

3、6、9线：创意、心灵、艺术线

3、6、9线代表了一个人的精神和思想境界。这条线完整的人直觉很强，很有灵性。它代表了一个人的创造性，以及如何在实际生活中运用这种创造性。

如果这三个数字中的任何一个是被三角或者方框框起来的话，代表年轻的时候比较容易感到空虚失望，不过在35岁之后会变得有智慧。

如果3、6、9这条线不完整的话……

缺少3

缺乏3的人即使有很多的想法和梦想，但是因为缺乏动力也无法实现。他们觉得做梦就是做梦，反正也实现不了。

缺少6

缺少6的人很难走中庸之道、保持平衡，碰到问题喜欢逃避。另外他们也容易忽视自己没有注意到的细节。

缺少9

缺少9的人虽然有才华，但是除了让人觉得他们神秘莫测，也没什么用处。奖赏也好，惩罚也罢，他们带着前世的因果。九宫格里缺乏数字 9 代表一种精神上的阻碍，很难接受他人的观点或者宗教的教导，也代表无法容忍异教。

1、2、3 线：社交、口才、信心线

1、2、3 线完整的人很有艺术细胞，会欣赏美的事物。这条线代表了一个人的外表以及行为方式。如果这条线能量过强，代表了一个人对于外表的偏好，也就是说太关注身体和外貌，而忽视了头脑和精神领域。

这条线代表了两种不同的人格：一种人很有创意、具有艺术才华；另一种人则由于数字 1 的影响，十分任性自我，做事只顾开心不顾后果。另外三角或者方框所代表的自我程度不如圆圈。

如果 1、2、3 这条线不完整的话……

缺少 1

数字 1 的正面能量在于独立、决心、领导力、勇气以及足智多谋。缺少 1 代表了自私、自我中心、傲慢、僵化以及犹豫不决。

缺少 2

缺少 2 的人对于环境常常做出错误的判断，做出冲动的决定。他们思想上还不成熟，对艺术一点也不敏感。有的时候缺乏 2 也代表自怜、内向、好斗、小气。

缺少 3

缺少 3 的人不能很好地表达自己、有时就算点子很多也说不出来。害怕别人的评论，对自己没有自信等，都导致了表达的困难。缺少 3 有的时候也表示炫耀、没心肝、自大和轻率。

4、5、6 线：人际关系、组织能力线

这条线完整的人基本上是完美主义者，非常善于组织。数字 6 本来就是一个“完美主义者”的数字，再加上数字 4 的组织才能，赋予了这条线很大的能量。受这条线影响的人们通常对人对己的要求都很高，事事要求完美。

这条线还代表着高度智力的活动。它代表了一个人的智力，以及他 / 她如何用自己的思维和头脑来应对世界的一切大小事件。除此之外，这条线还代表了直觉和灵感。

如果 4、5、6 这条线不完整的话……

缺少 4

数字4的正面能量指的是良好的逻辑思维能力和实际做事的能力。缺少 4 的人不会组织和管理。缺少 4 还代表缺乏纪律、懒惰、拖延，总想找容易的出路。

缺少 5

数字 5 的正面能量是能够采用先进的技术和想法来达到物质世界的成功。缺少 5 的人犹豫不决，浮躁易变。他们自我中心，很难琢磨，总是对周围的一切不满，没有责任心。

缺少 6

缺少 6 的人不管做什么都没有耐心和毅力。他们老是悲观，没办法担负别人对他们的期望。项目还没开始，就对结果没什么信心，结果也老是让别人失望。另外，缺少 6 还代表混乱、专制、自以为是以及固执己见。本来数字 6 的正面力量发挥出来的话，是代表了良好的想象力和洞察力，以及抽象思维的能力。

7、8、9 线：影响力、权威、贵人线

3	6	9
2	5	8
1	4	7

7、8、9线完整的人贵人很多，机遇也很多。数字9是被祝福的人所拥有的数字，代表的是一种精神力量；数字7代表贵人；而数字8代表权力，因此这条线完整的人能够顺利晋升，领导力出众（甚至比数字1的领导力还要强），鹤立鸡群。

7、8、9三个数字都有的话，也代表这个人能够接受物质现实的有限性和绝对性，因此可以接受和顺应周遭事物的变化。

如果7、8、9这条线不完整的话……

缺少7

缺少7的人一生少贵人相助，此外，他们也不太懂得利用自己的智慧和资源。他们缺乏分析能力，出现问题的时候很难正确应对。想要吸引贵人，我们必须真正懂得和接受自己。此外，贵人站在我们眼前，我们也得看见才行。我们必须要去除自己内心的恐惧和疑惑，这样才能够招来幸运之神的光顾。

缺少8

缺少8的人没有成为好的经理人的决心和毅力。另外他们遇事喜欢逃避，这样往往会错过机遇或者贵人。他们不喜欢战斗到底，总是轻易缴械投降。如果九宫格里数字1和7被圈起来的话更是如此了，这代表着由于过于自大和骄傲，不愿改变自己的思想和行动。

即使主命数是8，也不代表着能够完全弥补8的能量。由数字26组成的8更是如此。26/8的人过于情绪化，无法琢磨，容易被情绪控制，因此很难取得事业的成功。

缺少 9

缺少 9 的人很难得到同辈的欢迎。如果自己拒绝和周围的人社交、接触，那么就很难得到大家的支持，也吸引不到潜在的贵人。除此之外，缺乏 9 也代表了不切实际、尖酸刻薄，总是对周围的人持批评态度。

1、5、9 线：成就、决心、事业线

1、5、9 线完整的人意志力非常坚强，对自己的目标会坚持到底。1、5、9 三个数字被圈起来所代表的意志力，要比用三角或者方框框起来多得多。

数字 1 代表了意志力、自信心以及创造力。数字 5 代表了沟通技巧、先进的思维和潮流。而数字 9 代表了智慧、群众基础和转变。这条线完整的话，代表一个出身草根的人，通过自己的个人奋斗战胜诸多困难，最后达到人生的巅峰。

如果 1、5、9 这条线不完整的话……

缺少 1

缺少 1 代表的是意志和毅力的缺失。仿佛可以看到一个犹豫不决，老是依赖他人为自己拿主意的人。

缺少 5

数字5代表的是冒险精神和自信。因此缺少5代表缺少信心和勇气。它代表了一个在困难和挫折面前轻易放弃、容易沮丧的人。这样的人必须要培养自己的勇气和信心。

缺少 9

缺少 9 的人没有激情，也缺乏实际的目标。他们做事没有动力，很难将一个项目进行到底。他们不会社交，很难利用周围人的资源达到自己的成功。

3、5、7 线：人缘、小人、影响大众线

3、5、7 线完整的人很擅长社交，能够做好公关工作。数字 3 代表了表达和沟通能力。数字 7 代表了贵人和运气。这种人有着绝佳的人缘，是交际高手；不过这种人也比较容易招惹到烂桃花。他们必须正确使用数字 3 的能量，做人不要太虚情假意，不然总是会招惹到难缠的人。

如果 3、5、7 这条线不完整的话……

缺少 3

缺少3的人不会表达自己，对别人要求也不高，遇事喜欢往后面躲。他们喜欢藏在人群中，谁也注意不到。他们不会社交，所以也吸引不到那些会耍花招的“危险分子”。

缺少 5

缺少5的人消极被动，不喜欢与他人沟通。他们只顾自扫门前雪，不愿意在人前显露自己。他们不愿尝试新事物，怎么劝也不出门，让别人也觉得挺没意思的。他们不喜欢别人注意到自己。

缺少 7

缺少7一般代表缺少贵人和他人的帮助。有的时候他们也会对周围的人事进行回应，但是随着时间的推移，人们会发现他们做事的习惯和方法总是和别人不同，慢慢就和他们疏远了。

如果缺乏7的人不表达自己的意见而是迎合周围人的意见，那么就会被人利用，结果缺乏7的人就成了别人的替罪羊。

1、5、7线：思考、哲学、效率线

3	6	9
2	5	8
1	4	7

1、5、7 线完整的人是一个思想家。他们喜欢探索未知和科学，迫切想了解大千世界的神奇和奥妙。他们有不断研究的欲望，总想知道“为什么”、“怎么回事”。对于他们来说知识就是力量，拥有了这种力量他们可以改造人类，管理物质世界。

他们有的时候有点怪，不过天才总是与众不同。他们头脑聪颖、反应很快、分析力极强。他们需要自己的个人空间，喜欢一个人坐下来冥想、学习，甚至开创一个新的哲学流派。他们应该好好拓展自己的头脑，多在外面待着，别老在屋里待着。所有和思考相关的领域都十分适合他们。

2、4、8 线：商业、智慧线

2、4、8 线完整的人懂得经营，知道如何管理自己的财富。他们工作努力，做事认真，为了取得成功和安全感能够忍受人生的起伏和颠簸。他们能够克服工作中的种种困难，也能够和难缠的人打交道。他们知道怎么做生意、怎么赚钱，做事实际，切中要害，也可以冷酷无情。他们点子很多，能够很好地掌控自己的资产和财富。

2、7、9 线：灵感、天赋、精神线

2、7、9 线完整的人直觉很强，通常有音乐等艺术才华。比如说作曲、表演等。他们总是比实际年龄看起来要成熟，有一种“沧桑的灵魂”的感觉。他们很有灵性，人们常常被他们的语言、行动或者表现所震惊。他们能够成为很好的导师和教授。

2、4 线：智慧、灵巧线

2、4 线完整的人头脑敏锐，能够利用周围的情况为自己获得利益。数字 2 和 4 同时出现，代表对人敏感，做事稳重。如果同时还有数字 3 被圈起来的话，我们会看到一个出色的辩才。如果数字 8 同时也被圈起来的话，则代表了一个雄心勃勃、将理想化为现实的人。

4、8 线：勤勉、工作线

4、8 线完整的人很善于分析和组织，工作很勤奋。不过如果没有数字 2，他们很难从别的数字中“借力”。而且由于数字 4 的存在，他们常常会感到焦虑和担心，另外也会过于实际和固执。

4、8 的组合也代表了沉重的责任和负担，常常导致一个人过于劳累和辛苦。他们需要较好地管理自己的情感和情绪。

2、6 线：和谐线

2、6 线完整的人热爱和平、生性善良。数字 2 代表了和平主义，而数字 6 代表了自我牺牲。他们总是想帮助比自己不幸的人，也会为了他人牺牲自己的利益。

通常他们非常友好，脸上总是带着笑容，愿意接受妥协，能够退一步为人着想。他们害怕负债，不愿意欠任何人的情分。他们希望每个人都生活得快乐健康。

不过如果数字 2 的负面能量过于显著，他们会操纵周围人来达到自己的目的，最终害了自己，也害了别人。

6、8 线：诚实、隐藏的情感线

6、8 线完整的人正直善良，对人真诚，实话实说，不喜欢拐弯抹角。

不过如果这条线的能量过于显著，可能有负面影响。数字 8 的能量如果过于强烈，比较温柔的数字 6 的能量就会受到制约，受此影响的人会不择手段达到自己的目的。

在接下来的章节里我会告诉大家如何根据自己的九宫图来选择适合自己的职业和伴侣，以及如何管理自己的健康。另外，九宫格中如果同一个数字的圈数多于 3，通常来说就会带有这个数字的负面能量，要注意避免。下表给出了不同数字需要避免的负面表现：

3 个圈及以上	需要避免的负面表现
1	自大、控制欲、害羞、冲动、固执、骄傲
2	孤僻、不爱表达、过于关注细节、爱一个人待着、害羞、犹豫不决
3	讨厌一成不变、没有自律、意志力薄弱、爱吹牛
4	混乱、无秩序、固执、不爱改变、过于关注细节、因小失大
5	坐不住、寻求新鲜刺激、轻易改变目标、放纵、痴心妄想

3 个圈及以上	需要避免的负面表现
6	喜欢被需要的感觉、过于固执、很容易沮丧、总是没有安全感、对爱人要求过高
7	冷漠、强迫症、孤僻、冷淡、期望太高
8	迟钝、对周围的人漠不关心、总想走捷径
9	过于关注细节、自大

如果九宫格中缺乏某些数字，下表给出了一些建议：

缺乏的数字	如果想要弥补缺乏的数字，应该学习的是……
1	领导力、自信、敢为天下先、努力达成自己的目标
2	热情、外交才能、理解他人的感受、帮助他人、分析能力
3	乐观、积极向上、创意、主动
4	努力工作、建立坚实的基础、稳定、秩序、实际
5	热情乐观、积极向上、懂得寻找和抓住机会
6	对人关心、帮助他人、公平公正、保护弱者
7	思维周密、特立独行、专业化、学习知识、探索精神领域
8	做事果断、不拖泥带水、学习理财、做事严谨
9	对人有慈悲心、人道主义、大爱、直觉、心胸开阔

第十一章

运用生命灵数选择最适合自己的职业

数学是科学的大门和钥匙。

——罗吉尔·培根（R. Bacon），英国哲学家

让我们先看一下威廉·亨利·盖茨（即比尔·盖茨，微软创始人）的生日。他出生于1955年10月28日。我们将他生日中的所有数字相加，得到一个两位数，1+9+5+5+1+0+2+8=31，然后再将其加成一个个位数，得到他的主命数31/4。

现在我们画出比尔盖茨的九宫格。

通过不同数字有几个圈，以及当事人的主命数，我们可以判断最适合他的工作。

比尔·盖茨的九宫格显示他有一条完整的1、2、3线，这表示他这个人很有自信，待人友好，爱好社交，有艺术天分，另外这条线也暗示他的人缘很好。不过需要注意的是，由于数字3在他的九宫格中是被方框框起来的，代表这个数字的能量在他35岁之前是缺失的，也就是说他曾经遭遇过社交以及表达上的困难。不过通过自己不懈的努力，他修正了这些弱点，现在成了一个成功的演讲人和慈善家。现今他不仅呼吁人们关注弱势群体，还通过公开演讲激发他人的热情。

比尔·盖茨也拥有一条完整的1、5、9线，这条线代表成就、决心和事业。他的数字1有两个圈，一个三角形，也即三个能量场。如果不好好地引导这三个能量场，通常会产生负面能量，比如说过于自大、固执，不听他人的意见。

2、5、8线在他的九宫格中也是一条完整的线，这表示比尔·盖茨善于管理自己的感情和财富。他没有数字7，表示不擅长投资。他也可能不善于做事先的分析和战略。他的成功不仅仅是靠自己，也靠周围的伙伴和合伙人。

他的九宫格中数字1的能量过强，而且主命数是4，那么最适合他的工作也就自然成型了。数字1通常代表发明家、创业者以及自雇人员，这个数字适合创造性强的工作以及自由性强的职业，比如自由职业设计师。而主命数4的人适合建筑、IT、工程以及诸如经理或银行家等管理职位。通过以上分析我们能够断定，让比尔·盖茨自由选择自己喜欢的工作，他一定会拼尽全力去做。

下面我们列出主命数字1到9适合的职业。

主命数字为1

代表人物：伊萨克·牛顿爵士（物理学家、数学家、天文学家、自然哲学家、炼金术士、神学家），生于1643年1月4日，主命数为19/1。

牛顿的九宫格中，数字1的能量场有四个。而且他的主命数也碰巧为1。他完全没有数字2、5、8，也就是说他不太关心物质财富，也不太善于处理感情上的事。事实也是如此，他一生未婚，曾经和一个姑娘订婚，但持续时间很短。

数字1的四个能量场，准确地预示了一个伟大的发明家、炼金术士、科学家、天文学家、自然哲学家以及神学家。

适合主命数1的职业：

发明家、设计师、飞行员、公司老板、大使、总监、策划师、商店老板、军官、电影电视制作人、讲师、推销员、销售经理、工程师、探险家、自由职业艺术家、自由职业摄影师、平面设计师、创业者、手工艺人、海员、律师等。

主命数字为2

代表人物：希拉里·罗德姆·克林顿（美国国务卿、参议员，前美国第一夫人），生于1946年10月26日，主命数为29/2。

她的九宫格里数字1、6、9分别有两个能量场，彼此之间非常均衡。九宫格也显示了她很有主见，是家庭的保护者，愿意为大众工作。不过由于她的数字2有三个能量场，而她的主命数也恰好是2，这表明她非常适合做律师、政治家或者外交家，在不同的公司和人之间斡旋。

适合主命数 2 的职业：

外交家、宴会负责人、文员、律师、保险理赔员、建筑师、记账员、收账人、托管人、议员、图书管理员、部长、政治家或者老师。最常见的适合他们的工作就是老师、顾问、医生、护士、治疗师等，基本上他们就是照顾别人的人。

另外他们的个性还适合在时尚和房产中介行业发展。许多调酒师、侍应生、媒人还有政治家的主命数都是 2。

主命数字为 3

代表人物：成龙（演员、导演、制片人、喜剧演员、功夫大师），生于 1954 年 4 月 7 日，主命数为 30/3。

成龙的九宫格里，1、5、9 线（成就、决心和事业线）和 1、4、7 线（物质与组织线）以及 3、5、7 线（人缘、小人、影响大众线）都非常完整。不过他的 3、5、7 线有一点弱，这主要是因为数字 3 是被三角框起来的，也就是说他需要学习沟通的技巧。不过由于他的主命数字是 3，他的天赋才华、能力以及需要学习的功课都和数字 3 紧密相关。完整的 1、5、7 线代表他勤于思考，善于研究和探索，所以他总是能够为自己的电影想出新招数，运用许多新技术和特技。

他没有数字 2，也就是说缺乏圆滑和沟通的技巧。这点我们从他的言论就可以得知，他说的话总会引起媒体和大众的非议。他也缺乏数字 6，也就是说不懂得欣赏他人，不善于管理家庭事务。另外数字 8 也不在他的九宫格中，这代表不懂管理金钱以及没有勇气面对个人问题。

不过他的数字 3 和 4 都有两个能量场。数字 4 代表努力工作、组织才能以及注重规则。数字 3 代表沟通、商务以及创意。他选择的职业非常适合他。

适合主命数 3 的职业：

艺术家、音乐人、护士、营养师、内科医生、作家、喜剧演员、化妆师、销售（化妆品以及艺术品方面）、律师、法官、工程师、牧师、导演、体育教练、领队、职业顾问、哲学家。

主命数为 3 的人常常从事与艺术相关的工作，如作家或电影制片人等。此外，他们还能够从事广告、市场或者公关工作。而媒体的工作，如记者、播音员等也很适合他们。他们生性活泼，热爱探索，因此在生物医疗领域，如心理学、心理疗法、生物、医药等领域都能够有所建树。

主命数字为 4

代表人物：劳伦斯·拉里·佩奇（美国计算机科学家、企业家，搜索引擎 Google 的创始人之一），生于 1973 年 3 月 26 日，主命数为 31/4。

佩奇的九宫格里有一条完整的 3、6、9 线（动脑的一条线），说明他思维开阔，很有创意和好奇心，热爱探索。另外他也有一条完整的 1、2、3 线，这代表他是一个热爱社交、特别受大家欢迎的人。另外他的主命数是 4，十分适合在 IT、工程、或者理财规划等领域发展。

适合主命数 4 的职业：

灵数学家、农场主、矿工、企业家、砖瓦匠、绘图员、技工、会计、承办人、绩效专家、经理人、专业拳击手、工程师、化学家、化验员、建筑业从业者。

主命数为 4 的人十分喜欢规定日程，其中很多人都特别喜欢从事体育运动。另外由于数字 4 非常重视纪律性，因此他们能够成为绝佳的会计师、银行家、理财规划师、建筑师、景观设计师、税务律师等。4 号人在组织和管理岗位上都能做得很好。

主命数字为 5

代表人物：安吉丽娜·朱莉·沃伊特（美国影星、人道主义活跃人士），生于 1975 年 6 月 4 日，主命数为 32/5。

安吉丽娜的九宫格里有一条完整的 1、4、7 线（物质与组织线），也有一条完整的 1、5、9 线（成就、决心、事业线）。她的数字 2 和 3 是后天培养起来的，形成了一条完整的 1、2、3 线，也就是说她经过了种种努力才培养出自己的人缘和自信，最后取得了相当大的艺术成就和社会地位。

她的数字 5 有两个能量场，其中包含她的主命数 5。这代表着她热爱自由，喜欢刺激的工作，为了达到目标会承担种种风险（这点我们可以从电影《古墓丽影》中她扮演的角色“劳拉”中看出来）。她没有数字 8，也就是说她可能不太善于管理自己的金钱和财务。虽然她有很多贵人，但是助力可能并不如她期望的那么大。另外由于数字 8 的缺乏，也代表着她不太善于管理自己的情感（虽然现在她和皮特结婚了），这个数字的缺乏会使她面对情绪问题，容易感到愤怒沮丧，很难找到解决方案，或者干脆不想面对存在的问题。

适合主命数 5 的职业：

销售、广告总监、调查人、侦探、老师、讲师、作家、新闻专栏作者、编辑、笔迹鉴定员、校正员、发行商、编剧、电视或广播运营、艺术家、秘书、咨询师、心理学家、语言教师、口译员、通讯业从业者、进出口从业人员。

主命数为 5 的人不喜欢规则。他们在公关、高端销售、古董买卖以及高风险投资上都做得很好。他们是天生的赌徒，风险越大越兴奋，这也就是为什么很多主命数是 5 的人成了特技人员、消防员以及建筑工人的原因。

主命数字为 6

代表人物：迈克·杰克逊（美国歌星、艺术家、舞蹈家、作曲家、慈善家），生于 1958 年 8 月 29 日，主命数为 42/6。

迈克·杰克逊的九宫格里有一条完整的 1、5、9 线（成就、决心和事业线）。他的数字 9 有两个能量场，也就是说他出身草根（数字 1），但是通过自身的毅力以及不停地适应新变化、新潮流（数字 5），最后达到了事业的巅峰，成为了“流行音乐之王”（数字 9）。

他也有一条完整的 2、5、8 线（主司情感和财富的管理）。他在工作和表演的时候，总是能够很好地表达和控制自己的感情，将自己的内心和灵魂融入进去，和观众进行深层的交流。他很会赚钱，也会理财。不过由于他缺乏数字 7（通常代表没有投资运或者没有贵人运），他不太善于分析和计划，不知道该如何恰当地利用自己的资产。他的 1、4、7 线并不完整，预示着他很难保持自己的物质财富。另外他也缺乏数字 3，代表了缺乏沟通技巧，以及无法恰当表达自己的需要。这预示着他很难找到合适的人帮助自己。

他的主命数为 6，代表了他在音乐、艺术以及表演上的才华。

适合主命数 6 的职业：

演员、主持人、家庭主妇、教师、作家、护士、医生、室内设计师、艺术家、园艺师、歌手、声音训练老师、导师、美容师、裁缝、设计师、时尚顾问、音乐家、表演家、草药师、婚姻咨询师、离婚律师、服务行业。

6 号人热爱与人一起工作,选择了一条职业道路可以坚持不懈。他们在建筑、木工、机械、工程以及与土地相关的行业都可以做得很好。主命数为 6 的人风度翩翩,是所有数字人中最让人喜欢的一类,他们所适合的职业就证明了这一点。

主命数字为 7

代表人物：李小龙（香港演员、功夫指导、哲学家、电影导演、制片人、编剧、中国功夫截拳道的创始人），生于 1940 年 11 月 27 日，主命数为 25/7。

李小龙的九宫格里有一条完整的 1、5、9 线（成就、决心和事业线）。虽然他的数字 5 是后天运，相对弱一些，但是也表明通过他的决心、创新和坚强的意志力（数字 1），他能够达到事业的巅峰（数字 9）。此外，他还有一条完整的 1、4、7 线（物质与组织线）。

他的主命数字为 7，数字 7 在他的九宫格中有两个能量场，也就是说他分析能力很强、智力很高、才华出众、与众不同。主命数为 7 的人应该考虑能够旅行的工作（移民也可以）。他们需要成为某个领域的专家。

适合主命数 7 的职业：

考古学家、占星师、工程师、治疗师、牧师、作家、牙医、农场主、律师、摄影师、灵异现象调查和研究人员。7 号人不喜欢体力劳动，他们适合高尖端的文化氛围。史蒂芬·霍金就是主命数 7 的典型代表，能够解决实际问题的梦想家。

7 号人头脑聪颖，很有天分。他们在数学、物理、化学以及其他抽象科学如军事战略和商业课程研究上都能够有所建树。此外，他们还适合从事商业、美术、表演（剧场或者舞蹈）以及宗教领域的研究。

主命数字为 8

代表人物：纳尔逊·曼德拉（政治领袖，南非首位黑人总统），生于 1918 年 7 月 18 日，主命数为 35/8。

我们注意到在曼德拉的生日和主命数中，数字 1 和数字 8 各出现了三次。

怪不得他总是给人一种意志坚定、百折不挠的印象，即使经历了 27 年的牢狱生活也改变不了这一点。数字 1 的多次出现暗示了一个意志坚定、自信勇敢的人。一个不懂得掌控数字 1 的能量的人，会变得急躁而没有耐心。据我所知，曼德拉的家长曾给他安排了一桩婚事，结果他逃婚了。

数字 8 的反复出现也表明一旦确定目标，曼德拉会不遗余力地向前迈进。如果一个人的生命地图中有许多 8 的话，在个人生活方面会有许多困惑。而其中有些人会因为欲望无法满足而走上犯罪道路。

曼德拉原来是一名律师，后来成为了非洲人国民大会（ANC）的领导人。当时的南非政府由白人当权，实行种族隔离政策，在 1960 年宣布 ANC 非法。曼德拉随后被捕，于 1962 年入狱，并在 1964 年被控叛国罪并处终身监禁。后来他在南非开普敦附近的罗本岛上服刑，囚号 46664。然而，曼德拉不仅没有从人们的视线里消失，反而成为了世界人民心目中反种族主义的一面旗帜。后来在他的努力下，南非解除了种族隔离政策，他也于 1993 年和戴克拉克一起获得了诺贝尔和平奖。从 1994 年到 1999 年他都担任南非总统。

曼德拉的九宫格中有一条完整的 7、8、9 线，这条线代表影响力、权威和贵人运。我们知道其实曼德拉在 ANC 的许多盟友都是他年轻时候的朋友。

此外，他还有一条完整的 3、5、7 线。不过数字 3 和 5 的能量较弱，因为是被三角框起来的。这条线代表对未知的探索、良好的人际关系以及狡猾。我们知道曼德拉生性好奇，有怀疑倾向，然而却非常维护自己所相信的一切。虽然他的人际关系不错，却曾经遭人背叛，这其中包括他的前妻温妮·曼德拉（曾在他服刑时发生婚外情）。

他缺乏 2、6 线（代表和谐与平静）以及 2、4 线（代表智慧、灵巧），基本上很难获得平衡和宁静。缺乏 2、4 线代表比较狡猾或者容易遭人利用。

不过好在他的主命数是8，这表明他还是相当有智慧，并且会为自己的信仰、人民和国家而战。

适合主命数8的职业：

银行家、财务人员、工程师、承办人、化学家、木匠、犯罪调查员、药剂师、爆破炸药专家、律师、组织人员、检察人员、慈善家、制造商、建筑师、中介。主命数为8的人很多都是高层执法人员、管理人员以及商业领袖，其比率比其他数字多得多。

8号人不太喜欢承担风险，他们喜欢选择有挑战性而又稳妥的工作，如外科医生、精神科医生或者医药行业。主命数为8的人野心勃勃、注意力集中。他们要避免过于追求物质财富而牺牲了自己的个人生活。

主命数字为9

代表人物：周杰伦（音乐人、作曲人、音乐和电影制作人、演员、导演，四次荣获世界音乐大奖），生于1979年1月18日，主命数为36/9。

周杰伦是知名音乐人，不仅为自己、也为许多歌手写了很多脍炙人口的歌。虽然从小接受的是古典音乐的训练，他却喜欢将东西方的风格进行融合，创作包括R&B、摇滚、流行在内的多种曲风。他的主命数字完全可以说明这一点。

3 代表创造力、雄心壮志；6 代表美、艺术和爱心；将这两个数字加在一起，便得到数字 9，代表激情、蜕变和力量。

在周杰伦的九宫格中，数字 1 有三个圈，这说明他是一个很有原创性、意志坚定的人。然而由于数字 1 和其他几个带能量圈的数字是相隔的，这表示他应该不太会和别人相处和互动，很容易沉浸在自己的世界中。

他有一条完整的 3、6、9 线，这条线代表创造力、艺术能力和灵感。他兴趣广泛，思维开阔，对各种艺术门类都感兴趣。不过由于数字 3 被三角形框起来，能量比较弱，因此他小时候会不太容易表达出自己的想法、理想和创造力。而且由于缺乏数字 2，他可能会在与人沟通与合作的课题上出问题。

周杰伦还有一条完整的 7、8、9 线，这条线代表了影响力、权威和贵人运。周杰伦高中毕业后，由于成绩太差没上成大学，就在餐厅找了一份侍应生的工作。后来他的朋友没事先通知他，就把他的名字也报上，两个人去参加了吴宗宪的选秀节目，一个弹一个唱。虽然他的朋友唱得不怎么样，吴宗宪却注意到了周杰伦的音乐才华，之后与他签约并让他和方文山搭档。就这样，吴宗宪成为了周杰伦的贵人。剩下的大家都知道了，他后来的专辑取得了极大的成功。

截止到 2011 年，周杰伦已经将许多音乐大奖纳入囊中。鉴于他 36/9 的主命数字，我相信他还会在人生道路上继续蜕变，用自己的音乐才华激励和影响世人。

适合主命数 9 的职业：

研究人员、电工、探险家、魔术师、毒品劝诫员、科学家、医生、教师、牧师、讲师、外科医生、外交家、钢铁工人、艺术家、音乐家、律师、灵性疗愈师、园艺师或者景观设计师。9 号人非常喜欢做志愿者，因此很适合从事外交或者要求公平正义的岗位。

另外，许多人力资源专家、考古学家、人类学家以及社会学者的主命数都是 9。9 号人能够指导和支持他人，可以成为很好的教练和社会工作者。他们也能够在视觉艺术方面有所建树。

主命数字为 11、22

如果主命数是 11 或者 22，那么适合的工作参照数字 2 和 4 就可以了。不过因为这两个数字是卓越数字，我在下面给出更多的信息以供参考。

卓越数字 11：自雇人员、励志作家、教师、讲师、销售经理、推销人员、公关、玄学专家、占星师、天文学家、灵数学家、电工、电气专家或者宇航员。

卓越数字 22：创业人员、经理人、外交家、大使、特工、调停人、人道主义者、图书管理员、学校校长。

第十二章 运用生命灵数分析感情和人际关系

数学，如果正确地看待它，则不但拥有真理，而且还具有至高无上的美……这是一种纯净而崇高的美，以至能够达到一种只有伟大的艺术才能显现的那种完美的境地。

——罗素（B. A. W. Russell），英国哲学家、数学家

爱情是我们生活中的一个非常重要的话题。来找我咨询的客人中大概有80% 是问自己的感情生活的。如果情侣或伴侣之间不能够了解彼此，不能够进行良好的交流，那么他们之间的感情一定会出问题。受到影响的不仅仅是这两个人而已，他们周围的所有人或多或少都会受到牵连。随着时间的流逝，我慢慢发现男人和女人在对待感情的态度和看法上并不相同。女性一旦感情生活出了问题，她们的工作、健康等各方面都会出现显著的恶化，随之而来她们的家人就会感到相当大的压力。而男性一旦自己的事业或者财富方面出了问题，反过来会影响自己的感情生活，和自己的伴侣在各方面都会产生摩擦和不和谐。

想知道自己究竟想寻找一个什么样的伴侣，可参照第九章讲“心愿数字”的部分。如果我的客户们都能够很好地了解自己的生命灵数，懂得什么数字的人适合自己，那么也不用在感情的世界里浮浮沉沉、寻寻觅觅，最后还是不知道要找一个什么样的人来共度一生。另外，了解自己和他人的生命灵数，还能帮助我们了解周围的朋友和同事，消除彼此之间的误解。通过生命灵数的分析，知道自己和他人需要的是什么，从而会有一种豁然开朗的感觉，整个人比之前会轻松很多。通过下面的章节，我们可以知道自己和他人的配对指数有多高。这不仅适用于自己和伴侣之间，也适用于自己和周围的同事、朋友、家人和孩子之间。

我们在前面的章节教过大家如何计算几个重要的生命灵数。

从自己的生日中，我们可以得到：

a）性格数字（也就是出生那一天的数字。如果是两位数，当递加起来得到一个个位数〈以下同〉）

b）态度 / 成长数字（出生月日的数字加起来）

c）主命数字（出生年月日的数字加起来）

从自己的姓名中，我们可以得到：

a）心愿数字（把姓名拼音中所有元音字母对应的数字加起来）

b）人缘数字（把姓名拼音中所有辅音字母对应的数字加起来）

c）使命数字（把姓名拼音中所有元音字母和辅音字母对应的数字加起来）

也就是说，每个人总共有六个重要的生命灵数。这六个数字决定了我们和他人的配对指数。

最容易和最简便的原则就是：

a）奇数和奇数之间能够相处融洽

b）偶数和偶数之间能够互相吸引

当然，数字千变万化，它们之间的关系也相当复杂，而这个原则不过是一个最简化和最直观的方法。为了对数字之间的关系有一个更好的理解，我们提供了第二种方法。

第二种方法将数字 1 到 9 分成了三个阵营：

a）第一阵营：1、5、7，是发明家、策划家、思想家和战略专家的大本营。

b）第二阵营：2、4、8，企业家、经理人、实干家还有工作狂的聚集地。

c）第三阵营：3、6、9，创意家、灵修人士、艺术家以及社会活动家的乐园。

同一阵营的数字之间会相处融洽、十分和谐。它们之间有相似的兴趣爱好和价值观，行为方式也大致相同，所以在一起的话没有什么矛盾，可以说是“天生一对的数字”。

不同阵营的数字之间也会彼此吸引，相互喜欢，不过它们之间要发展深厚的感情还是需要时间的积累和培育。这样的关系就像表亲和堂兄妹，我们可以将他们定义为“友好数字”。

还有一种情况是不同的数字之间有点像同事关系，不是那么亲近，但还能够一起共事，但是想要改善彼此之间的关系，则需要更多的时间来培育了。它们之间的关系可进可退，想要保持好的关系必须下大力气。我们可以将这种情况定义为“中立数字”。

最后一种情况就是彼此排斥和对立的数字了。无论它们之间怎么努力，关系就是好不起来，不知怎么的就会意见不合、互相吵架，让它们待在一起是一件困难的事情。我们可以将这种情况称之为“对冲数字”。

在感情的世界中，无论两个人之间的分歧有多大，都是有解决的可能性的。不能因为两个人之间的数字“对冲”，就说他们一定会分手或者离婚。同样的，我也见过两个人之间的数字看起来是“天生一对”，但却常常吵架或最后以分手收场的。很多因素都对感情生活有影响，比如家庭的干扰、亲戚的干扰、第三方的干扰（比如第三者恰和出轨这一方之间的数字也是“天生一对”），或者环境的影响（比如因为工作的原因两地分居），财务上的问题（比如其中一方刚刚失业，或者有赌博的习惯），等等。除了以上这些原因，还有一个比较重要的因素就是每个人的流年，这一点会在后面的章节中进行详细介绍。上述所有因素都会对感情生活产生重要影响。

接下来我们给出所谓“天生一对数字”、“友好数字”、“中立数字”以及“对冲数字”的列表。

表 4：数字关系对照表

	天生一对数字	友好数字	中立数字（能偏左也能偏右）	对冲数字
1	1、5、7	2、3、9	8	4、6
2	2、4、8	1、3、6	9	5、7
3	3、6、9	1、2、5		4、7、8
4	2、4、8	6、7		1、3、5、9
5	1、5、7	3、9	8	2、4、6
6	3、6、9	2、4、8		1、5、7
7	1、5、7	4	9	2、3、6、8
8	2、4、8	6	1、5	3、7、9
9	3、6、9	1、5	2	4、7、8

下面我们举几个例子，拿几对夫妇的实例进行说明：

例 1:

/ Sandra Annette Bullock（桑德拉 · 安奈特 · 布洛克）

/ 生日：1964 年 7 月 26 日，主命数 35/8;

/ Jesse Gregory James（桑德拉的前夫杰斯 · 格里高利 · 詹姆斯），

/ 生日：1969 年 4 月 19 日，主命数 39/3。

计算的时候我们要将两位数加成个位数。

桑德拉的生日：（性格数字）　8 | 26 ⎫ 33 / 6 （态度 / 成长数字）
7 ⎭

1964

35 / 8 （主命数）

桑德拉的姓名：

1　　1　1　　5　　5　　3　　6

S A N D R A　A N N E T T E　B U L L O C K

1　5 4 9　　5 5　2 2　　2　3 3　3 2

桑德拉的心愿数（1+1+1+5+5+3+6=）22 / 4

人缘数（1+5+4+9+5+5+2+2+2+3+3+3+2=）46 / 1

使命数（22 / 4+46 / 1=）68 / 5

杰斯的生日：（性格数字）　1 | 19 ⎫ 23 / 5 （态度 / 成长数字）
4 ⎭

1969

39 / 3 （主命数）

杰斯的姓名：

5　　5　　　5　　6　　7　　　1　　5

J E S S E　G R E G O R Y*　J A M E S

1　1 1　　7 9　　7　　9　　1　　4　　1

杰斯的心愿数（5+5+5+6+7+1+5=）34/7

人缘数（1+1+1+7+9+7+9+1+4+1=）41/5

使命数（34/7 + 41/5=）75/3

* Gregory 当中的字母“y”应视为元音。

接下来，我们将两个人的性格数字、态度/成长数字、主命数字、心愿数字、人缘数字以及使命数字列表比较如下：

	桑德拉·安奈特·布洛克	杰斯·格里高利·詹姆斯	配对分析
性格数字	8	1	中立
态度/成长数字	6	5	对冲
主命数字	8	3	对冲
心愿数字	4	7	友好
人缘数字	1	5	天生一对
使命数字	5	3	友好

从上表我们可以看到：桑德拉和杰斯的数字关系中有一组天生一对数字，两组友好数字，一组中立数字，除此之外还有两组对冲数字。夫妇两人的数字中如果有三组或者三组以上的天生一对或者友好数字，就比较相合。而如果有三组或三组以上的对冲或者中立数字，两个人的关系就比较有挑战性了。在这种情况下，有问题必须及时解决，不然就会有破裂的危险。

我们再看一下他们两个人的九宫格：

桑德拉·安奈特·布洛克

杰斯·格里高利·詹姆斯

桑德拉的九宫格中有一条完整的2、5、8线，这条线代表对情感和物质的管理。她的数字2只有一个圈，能量比较弱，也就是说她可能不是那么细心，对亲密关系中发生的事情没有那么警觉。她的数字5有一个能量圈，而且还是三角，代表了后天培养，也就是说随着年龄的增长，她会渐渐明白自己究竟要一个什么样的伴侣。她的数字8只有一个能量圈，代表着她不容易爱上别人，但是一旦爱上了又很难自拔，另外这也表示一旦婚姻中出现了问题，她不愿意选择面对。

杰斯的九宫格透露出的信息就更加明显了。他的物质和感情管理线2、5、8线完全缺失。缺乏2，表示他完全不懂得倾听和照顾伴侣的感受；缺乏5，表示他也不知道自己到底想要一个什么样的伴侣而且不愿意做出承诺；缺乏8，表示一旦婚姻出现问题，他宁愿假装不知道，这点和桑德拉倒是一致的。而且所谓的诚实线6、8线，在他的九宫格中也并不完整。

他的数字9有四个能量场，如果不善加利用，这些多余的能量就会变成负面能量。过多的9会让人冲动烦躁，强势易怒，过于关注性爱，甚至有暴力倾向。

例2:

/ Hillary Diane Rodham（希拉里·黛安·罗德姆）

/ 生日：1947年10月26日，主命数3；

/ William Jefferson Clinton（威廉·杰斐逊·克林顿，即比尔·克林顿）

/ 生日：1946年8月19日，主命数2；

/ Monica Samille Lewinsky（莫尼卡·萨米勒·莱温斯基）

/ 生日：1973年7月23日，主命数5。

他们三人各自相关的六个生命灵数的具体计算过程就不再列出，下面直接列出三人的数字关系总表：

	比尔·克林顿	希拉里·克林顿	配对分析	莫尼卡·莱温斯基	配对分析
性格数字	1	8	中立	5	天生一对
态度/成长数字	9	9	天生一对	3	天生一对
主命数字	2	3	友好	5	对冲
心愿数字	5	3	友好	7	天生一对
人缘数字	7	3	对冲	3	对冲
使命数字	3	6	天生一对	1	友好

比尔·克林顿和希拉里·克林顿有两组天生一对数字，两组友好数字，一组中立数字，一组对冲数字。而比尔·克林顿和莫尼卡·莱温斯基有三组天生一对数字和一组友好数字。从生命灵数学的角度来说，我们也就不难看出为什么比尔·克林顿和莫尼卡·莱温斯基两人之间那么有感觉了。

我们再看一下这三个人的九宫格：

从他们三个人的九宫格中我们可以看出，比尔·克林顿和希拉里·克林顿的九宫格相似度很高。不过比尔·克林顿的九宫格中没有数字5，代表他不明白自己到底想要一个什么样的伴侣；他也没有数字7，代表缺乏分析能力和理性思维。

他一定会被莫尼卡·莱温斯基迷住，原因在于莫尼卡·莱温斯基的九宫格中，数字3有三个能量场，数字5有一个能量场，而数字7有两个能量场。也就是说无论她走到哪里，她都能用自己出色的公关能力、超群的智力以及社交能力轻易地交到朋友、吸引别人。她的数字3能量过强，3是一个代表沟通和交流的数字，说明她可能无法保守秘密，容易受到大家的诟病。她太喜欢和大家讲话，无意透露了自己和比尔·克林顿的关系，从而导致了那场世纪丑闻。

另外我们也注意到，希拉里的九宫格里有一条完整的3、6、9线，代表思维方面，她也有一条完整的物质线1、4、7线。不过在她的情感管理线中有两个缺失的数字5和8。虽然她嫁给了世界上最有权势的男人，但是我认为这样的婚姻还是会时时让她感到空虚和孤单。这种孤独感反而让她全心投入自己的工作，这也就不难解释为何她的头脑线和物质线都那么完整了。

例3:

/ Michael Kirk Douglas（迈克尔·道格拉斯）

/ 生日：1944年9月25日，主命数7；

/ Catherine Zeta-Jones（凯瑟琳·泽塔-琼斯）

/ 生日：1969年9月25日，主命数5。

	迈克尔·道格拉斯	凯瑟琳·泽塔－琼斯	配对分析
性格数字	7	7	天生一对
态度/成长数字	7	7	天生一对
主命数字	7	5	天生一对
心愿数字	7	1	天生一对
人缘数字	1	8	中立
使命数字	8	9	对冲

迈克尔·道格拉斯和凯瑟琳·泽塔-琼斯是好莱坞最出名的夫妇之一。他们之间虽然有着25岁的年龄差异，但是并不能阻碍他们之间的爱情和互相的尊敬。他们有四组天生一对的数字，一组中立数字和一组对冲数字。由于相合的能量太强，足以抵消一个对冲数字的影响，因此他们之间遇到问题时能够互相妥协，始终拥有美满的婚姻。

再来看一下这两个人的九宫格：

迈克尔·道格拉斯

3	6	9
2	5	8
1	4	7

凯瑟琳·泽塔-琼斯

3	6	9
2	5	8
1	4	7

从他们的九宫格里可以看出，他们共同拥有许多相同的数字。即使彼此的九宫格中有一些数字是缺失的，也不会对他们的感情产生很大的影响。

第十三章 数字1至9之间的配对程度

算术是人类知识中一个最古老的分支，或许是最最古老的分支；然而它的一些最深奥的秘密，接近于它平凡的真理。

——亨利·约翰·史密斯（H. J. S. Smith），英国数学家

1 和 1：两个人都有很强的领导欲，都想保持自己的独立性。如果亲密关系中的两个人都是 1 号人的话，会互相欣赏。不过也不是说没有潜在的危险，两个人可能会相互竞争。不过整体来说这是一种很好的结合。两个人之间的关系就像总是刺激人神经的美国大片。

1 和 2：两个人的风格完全不同，他们需要尊重彼此的不同角色。1 号人最好是赚钱养家，2 号人最好是照顾家庭，把小家收拾得漂漂亮亮，维持两人之间的浪漫。1 号人要注意路边的野花不要采，要将注意力放在 2 号人身上。

1 和 3：这一对组合彼此之间会碰撞出爱的火花，两个人在一起会尽情地拥抱和享受生活。3 号人认可 1 号人的能力和成就，赞赏他们，给他们一种满足感。3 号人点子很多，1 号人动力十足，这两个人的结合一定能做出点事情来。不过两个人都不喜欢被人批评，因此两个人在一起一定要注意互相说话的口气和措辞。

1 和 4：4 号人极其渴望权力，这一点让 1 号人有些受不了。1 号人总想一步到位，这一点让注重细节爱挑剔的 4 号人无法忍受。1 和 4 两个数字是对冲数字，所以让这两个人好好相处真是不容易的事。如果两个人都能够了解彼此，认可彼此的能力和对方身上自己所不具备的专长，那么倒是可以成为一对人人称羡的伴侣。

1 和 5：这两个数字可以说是天生一对。他们都渴望自由，都渴望能够独立主宰自己的命运。1 号人和 5 号人总是在不停地忙着自己的事情，在一起的时间不是很多。但正因为如此，两个人在一起的时间显得尤为珍贵和浪漫。当然，如果两个人都想让对方听自己的，让自己说了算，那么这段关系就有点挑战性了。

1 和 6：这两个数字意味着潜在的权力斗争。6 号人非常喜欢付出，喜欢别人听他的；而 1 号人老想自由自在，谁也不要管自己。所以如果两个人在一起必须要解决这个问题，然后才能给对方想要的东西。

1 和 7：虽然这两个数字的能量很不相同，但是在一起却可以相处愉快。7 号人头脑敏锐，洞见深刻；1 号人有干劲，能做事。两个人想要在一起的话，必须要了解对方的数字以及数字所揭示的含义。1 号人可能会一股脑扎进外部世界中，完全忽略了 7 号人的需求；而 7 号人也有可能会完全沉浸在自己的世界，让 1 号人很难理解。双方必须要懂得各自的优缺点并且进行改善。

1 和 8：这两个人要是合伙做生意是最合适不过了，但要是谈恋爱的话就难说了。两个人都很强势，很难相处，而且总是乐观估计事实。他们两个人都接受不了别人对自己的批评。他们的亲密关系要想持续下去的话，两个人都必须心胸开阔，懂得妥协，不要总是显得咄咄逼人。

1 和 9：9 号人的无私会营造一种和谐的氛围，让 1 号人觉得很舒心。不过 1 号人需要明白、了解和接受 9 号人对家庭、朋友以及所有人的关爱和无私。而 9 号人需要接受 1 号人强势和自我的作风。

2 和 2：两个人都需要给予和付出爱，是很相配的一个组合。两个人都很善于调和，在任何话题上基本上都能够达成一致。他们要时刻牢记彼此的面子都很薄，受不了任何语言的攻击。当然这一点应该基本没什么问题，因为两个人都是那么彬彬有礼，而且互相欣赏。

2和3：这两个人彼此来电，在一起很快乐。3号人充满活力、乐观向上、享受生活，喜欢站在镁光灯下；而2号人则喜欢待在幕后看3号人的表演。2号人生性平和，散发着一股舒适安静的气息，能够很好地中和3号人爱闹爱玩的个性。

2和4：这一对组合非常稳固。4号人非常注重家庭和家人，希望自己能够成为家庭的顶梁柱，而2号人是最喜欢家庭生活的，所以两个人在这一点上非常相配。两个人之间大概唯一的分歧就是在爱的表达上，2号人喜欢表现出自己的爱，喜欢身体接触，而4号人对感情的表达则相对含蓄。

2和5：2号人喜欢家庭生活，喜欢被爱的感觉；而5号人喜欢追求自由，追求新鲜刺激，所以这两种人想要在一起的话，不仅两人之间的吸引力要够强，还需要一番辛苦的努力和妥协。当然两个人还是可以在一起，互相给予对方支持，不过不是那么容易就是了。

2和6：这一对组合也是相当搭配的。6号人总是把家庭放在第一位，而2号人最善于表达自己对家人的爱和关心。这一对要注意彼此的言语。6号人极其渴望别人的赞美，而2号人则非常敏感。6号人说话直率，话里有刺，这会刺激到2号人，所以两个人要在这方面多注意。

2和7：2号人和7号人彼此需要的东西有相同也有不同。2号人需要表达自己的感情，而7号人非常注重隐私和空间。这一对要想在一起的话，必须要注意对方的特质，而且要做出某种程度的妥协。一般来说，2号人总会将自己的时间花在伴侣身上，如果因为种种原因无法做到这一点，他们也会找点其他事情做来打发时间。

2 和 8：这一对也是相当完美的组合，互相都欣赏和尊重彼此的角色。8 号人很注重物质财富和成功，关注的焦点在家庭经济和外部世界；而 2 号人是家庭型的，能够很好地满足自己伴侣的自尊心。但是如果 8 号人无法认识和欣赏 2 号人对家庭的付出，这一对的关系就会出问题。一般来说，这一对的组合就是传统的男主外女主内的组合。或者反过来，是比较非主流的女人在外面打拼、丈夫照顾家人的组合。

2 和 9：这一对要不就是很成功，要不就是很一般。2 号人非常喜欢别人的关注，当然 9 号人也很体贴，不过他们的注意力会延伸到周围的人身上，所以可能对 2 号人的关注度不够。9 号人是一个天生的组织专家，2 号人是一个天生的团队合作者，所以这一对的组合还是挺乐观的。9 号人要明白 2 号人非常不喜欢自己一个人待着，而 2 号人要明白 9 号人就是喜欢关心大家。

3 和 3：这两个人都喜爱社交，很有艺术细胞。在一起的话会相当有趣，充满激情。两个人了解彼此，支持彼此，在一起非常快乐。他们之间唯一的问题是，都那么喜爱玩乐，到底谁来负责具体的日常生活呢？所以一旦涉及现实生活的种种细节，如果处理不好的话，就会变成这两人之间的重大障碍。

3 和 4：3 号人爱冲动，4 号人非常固执，处理一切都显得那么井井有条。这两个人要是在一起，必须要有人做出让步和妥协，这对两个人都不容易。3 号人有一天过一天，4 号人则需要对未来有一个良好的计划。如果两个人能够找到一条中间道路，他们还是能够结成一对很好的伴侣。3 号人能够教会 4 号人乐观愉快地生活，而 4 号人能够在 3 号人玩累的时候，给他 / 她一个可以依靠的港湾。

3 和 5：这一对可以荣膺“社交冠军”了。3 号人和 5 号人爱玩爱闹，在一起乐趣多多，觉得彼此都非常吸引人。他们在一起会找各种各样的社交活动、旅行机会，一点都不会觉得厌烦。两个人都非常具有想象力，但是谁都不善于理财。所以一旦落实到每天的柴米油盐酱醋茶的生活，可能会出现意料不到的问题。

3和6：这一对也相当搭配。3号人善于计划，充满激情。6号人则喜欢鼓励和支持3号人，为3号人提供了一个平稳的环境。所以这两个人在一起可以说是“梦幻组合”，彼此都非常来电，激情可以相当持久。不过，3号人有些轻佻的个性很让占有欲强的6号人心烦。他们之间通常是6号人受不了，结束了两人的关系。

3和7：这一对的差距可就大了。3号人就喜欢一头扎进各种社交活动和旅行机会中，而7号人并不热爱社交，他们喜欢一个人待着，喜欢安静不吵闹的环境，只能够接受有限的社交互动。两个人都受不了对方，冲突是不可避免的。如果想要在一起，他们必须了解彼此真正的性格、需求和目标，保持真诚的沟通和交流。

3和8：这一对要在一起的话也需要好好地努力。3号人和8号人处理问题的态度和方式截然不同。8号人渴望权力，渴望达成目标，他们通常会将自己的注意力放在对物质财富和社会地位的追求上，如此一来，极其渴望关注和鼓励的3号人必然会失望。如果这两种人真的想在一起的话，成功的关键就在于8号人要把自己从商业活动中抽离出来，和3号人一起享受生活的快乐。不过8号人不是那种喜爱玩乐的类型，所以要做到这点并不容易。

3和9：这一对的组合也超级般配。3号人和9号人都喜欢成为众人的焦点，都喜欢被别人爱慕。他们关心周围的人们，互相都能够给予对方灵感和动力。9号人待人非常慷慨，也是很好的导师，而3号人就像是一个充满好奇心的学生，随时准备听从9号人的号令。他们之间互相分享，互相尊敬。对他们来说最大的挑战就在于能不能真正安定下来，搭建自己的小家，并且按时支付每个月的账单。这一对即使婚后也会保持激情，热爱冒险。

4和4：这一对的关键词是“安全”、“稳定”。他们拥有共同的价值观和人生观，而且两个人都关心每个月的账单能不能按时支付，未来是不是有保障。因此这两个人在一起也可以称作“梦幻组合”。他们对生活有着共同的目标，通常会一起努力取得成功。他们对成功的理解就是“持续的增长”，不管是物质财富的增长，还是爱情和浪漫的持续加温。不过这两个人在一起的话，有一个问题就是总不知足。他们也很难放松下来，享受创意，享受现时现地的生活。不过这一对的组合堪称是所有数字组合中最稳定的一对了。

4和5：这两个人在一起的生活完全可以称之为“挑战”了！4号人和5号人不仅兴趣爱好各不相同，连表达方式也完全不一样。4号人说话直率，直奔主题，而5号人讲话喜欢绕弯子，讲究技巧。4号人不喜欢改变，5号人则迫不及待要迎接新变化。这两个人要想维持彼此的爱情，必须要尊重彼此的不同，而且要保持随时随地的沟通。

4和6：这一对也是大家眼中的“模范夫妻”。两个人一见面就能感受到彼此互相吸引的气场。一般来说6号人会在这段关系中占据主动。这两个人都想营造一个安全完美的家庭，建立一段长久持续的关系。这两个人都需要明白先付出再索取的含义，而这点对他们来说都不是容易的事情。

4和7：4号人和7号人都非常重视安全感，在一起的话也会很认真。他们之间没有过多的浪漫和火花，但是彼此之间的关系却坚不可摧。4号人天生就是家庭的保护者和物质的提供者，而7号人则为心灵的探索和冒险提供了无限的可能。这两个人在一起互相取长补短，同时满足了对方的需求。

4和8：这一对也比较般配。两个人都懂得努力工作的价值，都知道如何理财，如何在现实世界中确保自己的利益和成功。4号人善于计划，8号人随时准备行动。问题是这么忙的两个人能不能找到单独相处的时间培养感情呢？两个人都懂得计划未来，婚姻也会相当稳固。

4和9：这一对的立场完全对立，很难结成一段美满的姻缘。9号人热爱社交，非常慈悲，而4号人关注的重点是个人的成功和物质的安全。这两个人要想长久在一起，必须要了解彼此的不同，而且要有心胸接受彼此的差异。4号人要懂得欣赏9号人的智慧和才识，而9号人要明白4号人的努力和坚持。

5和5：两个5号人在一起也很般配。他们懂得尊重彼此的不同和冒险精神，他们心胸开阔，随时准备接受新想法和新变化。这在其他夫妇中很难看到。他们毫不费力就可以了解彼此在想什么、想做什么，也能够给予彼此空间，接受彼此的生活方式。只要两个5号人彼此支持，没有什么是做不成的。两个人之间唯一的问题是注意力过于分散，他们谁都不擅长处理具体的现实生活。

5和6：这一对在一起的话需要很多妥协。5号人热爱自由，需要自己的空间；而6号人占有欲非常强，就喜欢别人听自己的。6号人要求的是百分百的忠诚，而5号人要的是新鲜和探险。所以如果想要结成长久的关系，两个人必须要互相妥协。如果两个人都不愿退后一步，那么这段关系一定会遇到问题。

5和7：这一对的关系不受什么条条框框的约束。5号人和7号人在很多方面相当一致，因此两个人在一起也比较搭配。7号人喜欢一个人待着，享受探索和自我空间的乐趣；而5号人喜欢投入到各种各样的活动中去，很难对伴侣保持长时间的注意力。除此之外，两个人都喜欢探索未知，能够不停地分享彼此的思想和见闻。

5和8：这一对通常不按常理出牌，对于亲密关系的理解也南辕北辙。8号人一定要占上风，让另一半听自己的；而5号人则抗拒一切形式的控制，追求自由。8号人要的是金钱和物质的成功，5号人根本就不想考虑钱的事。两个人想要在一起的话，必须对未来有很好的计划，而且要懂得不停地付出。

5和9：这一对的关系常常受到各种变动的困扰。5号人和9号人常常会经历不断的转型和变化。也正因如此，无论从短期还是长期来说，他们都能了解对方，受到彼此的吸引。9号人待人和善，5号人思维超前，两个人有很多共同点，相处愉快。要想真正稳定下来双方必须要给对方真正的承诺。

6和6：这一对相当有激情，也相当实际。两个人最关注的就是家人和家庭，在这一点上相当一致。6号人天生懂得如何照顾自己的伴侣，因此他们能够很好地理解和照顾彼此的需要。建立一个家庭对他们来说是第一位的。不过两个人都喜欢掌握控制权，在“谁说了算”这个问题上还是会有冲突。一般来说碰到具体的事情这个问题自然就会解决。

6和7：这两个人性情相异，对待亲密关系的态度截然不同。6号人想要建立一个完美的家庭和长久持续的关系；而对神秘的7号人来说，很难说清楚他们到底想从亲密关系中得到什么，只有随着时间推移，他们想要什么才慢慢显露出来。虽然两个人彼此吸引，但是在一起并不容易。6号人点子很多，控制欲强，但是7号人并不想处在谁的控制之下。两个人之间需要不断地沟通，互相都会做出一些妥协，并且受到彼此的影响。

6和8：6号人和8号人相当搭配，在一起会营造一种乐观和积极的氛围。他们有很多梦想，也能够将梦想变成现实。他们在工作中互相支持，在生活中互相帮助，都喜欢在家里招待朋友和社交。不过如果6号人的占有欲太强，也会让视工作为重心的8号人不舒服。同样的，如果爱家的6号人对8号人要求太多，也会让干练的8号人无法忍受。

6和9：这也是一对相当完美的组合。很少有人能够像9号人一样赢得6号人的尊重。6号人爱家，把家庭成员照顾得无微不至；而9号人是最不吝惜对6号人称赞和表扬的人了。这通常为他们幸福的家庭提供了一种相互爱慕的氛围。6号人能够让9号人注意到细节和常识，而9号人拓展了6号人的视野。这两个人需要注意的是控制自己的预算和开销。

7和7：除了7号人还有谁能够更清楚地懂得7号人的不寻常呢？从这一点来看，这一对是相当搭配的。7号人和7号人在一起，不仅可以探索世界的神奇，也可以享受二人世界的快乐。他们的思维方式相同，因此很容易理解彼此的所作所为。唯一的问题就是两个人都不喜欢说话，沟通不够。因此必须要保持不断地沟通才能够解决可能的问题。

7和8：7号人和8号人能够合作共事，但是会遇到情感上的问题。占有欲强的8号人总想控制别人，而7号人非常注重自己的隐私，最不喜欢被人控制。两个数字都很强势，所以不可避免会有言语上的冲突。不过两个人都注重稳定，因此如果能够为对方做出妥协，还是可以结成不错的关系。

7和9：7号人和9号人在一起很难保持中立。他们的关系可以随着共同的信仰变好，也能够随着不同的信仰变坏。7号人和9号人都非常固执，坚持自己的立场，涉及到信仰问题尤其如此。如果两个人的信仰是相同的，彼此之间会相当和谐；但是如果信仰相异，彼此之间则必须要做出妥协。

8和8：这一对相当具有“活力”，彼此之间充满了激情和爱的火花。他们的关系如果确定下来也相当稳固和持久。8号人很容易会被生命中的其他事物所吸引，对8号人来说，爱情不是唯一，物质追求和工作目标同样重要。虽然两个人的关系很稳固，但是双方都不善于用语言和行动来表达自己的真实情感。他们要避免冲突和竞争，避免过于沉浸在工作中。要为彼此相处留出时间，还要平等相待。

8 和 9：这一对在一起会比较有挑战性。两个人主见都很强，互相都难以接受彼此的习惯。一般来说，9 号人虽说对人相当热情，但多少有点居高临下的感觉，而 8 号人追求的是物质和社会地位的成功。如果想长久在一起，8 号人必须要懂得从 9 号人身上学习。要是组成一个团队的话，8 号人的务实和 9 号人的激情则可以形成一个很好的组合。不过最常见的是两个人谁也看不惯谁。

9 和 9：这一对在一起也相当搭配，互相了解彼此的智力和需要。9 号人的天性是相当无私的，都想为对方付出，都想成为对方依赖的肩膀。他们在一起可以互相成长，互相学习，一起探索和发现。所以这一对是相当不错，可以迸发出灵感的组合。

第十四章

运用生命灵数了解自己的孩子

数学能唤起热情而抑制急躁，净化灵魂而使之杜绝偏见与错误。恶习乃是错误、混乱和虚伪的根源，所有的真理都与此抗衡。而数学真理更有益于青年人摒弃恶习。

——阿尔布斯纳特·约翰（Arbuthnot John），苏格兰学者

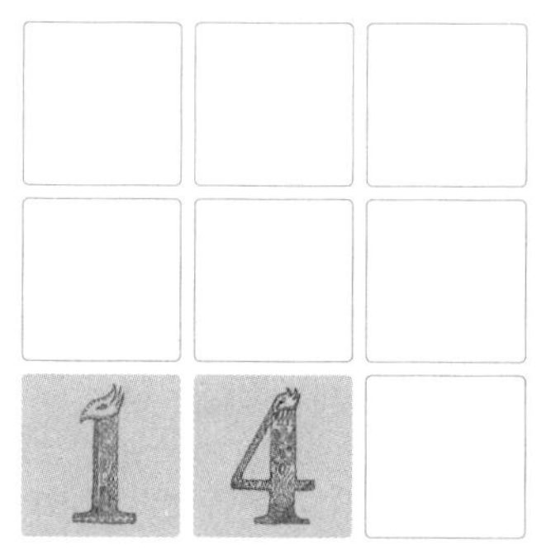

通过多年的观察，我发现来找我咨询的人最常提出的一个问题就是自己和子女的关系。孩子的未来很大程度上取决于出生的家庭、受教育的程度、周围的朋友，以及和父母的关系。了解孩子的生命灵数对于父母来说十分重要，通过它父母可以为自己的孩子提供最好的建议和指导。

每一个孩子都应该受到父母无私的照顾、保护和关爱，只有如此他们才能够健康成长，实现自己的梦想。但令人难过的是，我们经常可以从报纸和新闻中看到很多孩子在不幸的家庭里出生和成长。有的父母在外面受了气，遭受了挫折，回来就把愤怒和沮丧发泄到自己的家人和孩子身上。很多孩子不敢说出自己的痛苦，害怕遭到父母的毒打和报复。这些孩子带着儿时的伤痛慢慢长大，当他们成为父母以后，就会用以前父母对待他们的方式来对待自己的孩子，形成一种恶性循环。

孩子身上隐藏的能力和才华常常不被人重视，就那么潜伏着。更糟糕的是，家长、亲戚、老师，还有这个社会，根本就不懂得如何培养孩子，他们将孩子灌进同一个模子当中，觉得自己为孩子做了最正确的事。我的很多客户告诉我他们憎恨自己的工作，一切都是他们的父母安排的。父母总说只有自己才知道什么是对孩子最好的选择，但事实真是如此吗？

生命灵数学给我们提供了一种了解自己孩子的方法，它告诉我们要根据不同孩子的特点和特质为他们提供不同的指导和教育。了解孩子们的各种数字可以帮助我们接近他们，走入他们的内心世界。同时，了解这些数字也能够帮助父母改善和孩子之间的关系，避免误解、失望和不幸。

我们要了解孩子生日以及姓名中所涉及的所有重要数字，此外我们还要了解孩子的九宫格。下面我仅仅列出了主命数不同的 9 种孩子类型。

主命数为 1 的孩子

主命数为 1 的孩子非常独立，对自己很有自信，很有领导才华。他们在一群孩子中会非常突出。他们想让别人觉得自己和别人不一样，与众不同，很特别。如果父母强迫这样的孩子去做其他孩子已经做过的事情，他们可能会觉得没意思、不耐烦。他们不喜欢别人指挥自己，为了维护自己的权利会跟父母争执。他们希望父母注意到自己，所以要把他们当做朋友来对待，至少要倾听他们的意见。

主命数为 1 的孩子注重自己的空间，不介意自己一个人游戏、玩耍。和其他孩子在一起的话，他们一定要当孩子王。有的时候为了权力和地位也会和其他孩子起冲突。

作为父母，不要因为孩子想当领导或者指挥别的孩子就惩罚他们，要赢得孩子的尊敬和信任。主命数为 1 的孩子需要父母的表扬和重视，只有这样才能赢得他们的信任。父母要慢慢地引导他们，告诉他们想当领导是一件好事，不过也要重视方法：要对人耐心，懂得倾听和理解他人的观点，要让别人心悦诚服，心甘情愿地接受他们的指挥。

主命数为1的孩子需要受到关注，所以父母要让他们觉得自己很特别，比如按孩子自己希望的方式做事情、选礼物、开生日会、选择职业等。父母要充分尊重孩子的想法，否则不仅孩子本身会出问题，整个家庭也会不得安生。父母和这样的孩子相处，要懂得掌握尺度，不要惯坏他们。不要随意批评自己的孩子，不然就会让他们丧失信心，或者丧失对父母的尊敬。

主命数为2的孩子

主命数为2的孩子生性害羞，胆小温柔，非常依赖父母。他们虽然内心喜欢和大家一起玩，但是因为害羞、胆子小，很难适应别的孩子，不敢和大家一起玩。不要让这样的孩子一个人待着，也不要在他们很小的时候就放手不管让他们独自处理每一件事情。因为这样的话他们不仅学不会独立，反而会害怕恐惧，一旦被迫一个人待着就会感到压抑。另外不要对这样的孩子倾注过多的注意力，这样的话他们会怀疑是不是自己哪里出错了，或者哪里做得不好。和主命数为1的孩子不一样，主命数为2的孩子直觉很强，也相当敏感。他们会在意别人觉得偶然的事情，反复地思考。也许这样做是想知道父母或者别的孩子到底是不是喜欢他们。

他们很依赖自己的父母，所以在这一点上要给他们足够的支持，和他们讲话，倾听他们的意见。如果父母能够认识到孩子的潜力和天赋，并且给予恰当鼓励的话，他们会慢慢改变。要对这样的孩子说：无论发生什么事情，我一定会在你身边。

主命数为2的孩子喜欢纠缠细节，他们个性固执，比较难取悦，他们非常敏感，特别注重个人细节和卫生。作为父母要赞赏他们对于细节的关注，不过也要提醒他们做人要随和，懂得变通。千万不要用粗暴的方式对待他们纤细的神经细胞，否则日后父母和孩子的关系会很紧张。主命数为2的孩子生性善良，很容易哭鼻子，所以要让他们发泄自己的情绪和紧张，不要对他们大喊大叫，伤害他们的感情。等他们情绪稳定下来，再告诉他们如何面对和处理个人问题。要鼓励他们说出自己的情绪，教给他们处理问题的方法而不仅仅是安抚他们的情绪。要让他们懂得自立，不要老是依赖别人的帮忙。

主命数为3的孩子

主命数为3的孩子乐观向上，像小鸟一样唧唧喳喳个不停。他们就像开心果一样，给周围的大人带来欢乐。他们非常自信，很小就表现出艺术才华，如唱歌、跳舞、表演等，而且毫不羞涩。他们有时尚触角，知道很多奢侈品牌，很小的时候就知道怎么花钱。

他们很有创意，老是在做梦。作为父母要懂得培养他们在音乐、演讲以及戏剧表演等方面的才华。要赞赏他们的想象力，称赞他们的梦想，与此同时，要让他们意识到什么是现实，避免过于理想化。不要一针刺破他们梦想的泡沫，而是要教会他们如何用现实的方法取得梦想中的成功。大多数3号人都很有自己的主见，也知道自己要什么，但缺乏实际的计划和行动。作为父母要教会他们如何制作时间表，如何制订计划，以及如何一步一步地实现自己的目标。不然大多数主命数为3的孩子只是耽于幻想，不会采取实际的行动。

使用武力或者批评的言辞对3号孩子毫无作用。首先他们拒绝听到对自己不利的言论，其次他们也会暗地里憎恶批评自己的人，而且随着时间的推移，他们还会发展出分裂人格——表面上对父母很尊敬，背后就会说父母的坏话。

要花时间和主命数为3的孩子相处。和他们一起玩游戏，参与到他们的兴趣中来，甚至与他们一起学音乐。要不停地赞扬他们，也要提醒他们什么是取得成功的正确途径。

主命数为4的孩子

主命数为4的孩子需要稳定和安全。规则、秩序、时间表等很适合他们，能够帮助他们更好地计划自己的事情。家长要告诉主命数为4的孩子一个日程表，什么时间该做什么事，什么时间与家人待在一起，等等。要对他们说实话，而且不要随便许下不能实现的诺言，否则会失去他们的信赖和尊敬。

大多数主命数为4的孩子学习刻苦，真诚可靠，勤奋用功。因此家长要懂得给这样的孩子营造一个适合学习的氛围，适当地给予他们鼓励，这样能够让他们集中注意力，将精力放到学习和组织计划上。家长如果想要改变孩子的学习日程，最好事先跟他们沟通，并且取得他们的同意，不然他们会因为突如其来的变化而不知所措。

主命数为4的孩子不喜欢单独行动。他们热爱团队，喜欢大家一起共事。因此家长要学着多花点时间和这样的孩子在一起，这样就会让他们感受到一种被需要的感觉。大部分4号孩子长大以后，会变得说话直率，很难与人相处，因此从小让他们学会团队合作也是很重要的。

如果这样的孩子不听父母的话，或者老是固执己见，有可能是因为他们觉得有危险临近，或者不信任周围的人，或是精神焦虑。父母必须找出原因。孩子之所以突然变成这样，有可能是因为转学、换老师，也有可能是因为亲近的朋友可能要离开自己，等等。遇到这样的情况，父母必须拿出耐心，慢慢地和孩子解释情况。如果还不奏效，父母可以用游戏或者手写的信等方式来帮助自己和孩子交流。

主命数为 4 的孩子和主命数为 2 的孩子一样，都需要学习信任他人，以及灵活应对事情的方式。他们必须要懂得与人合作，以及如何将任务分配给周围的人。这对他们未来的发展很有好处。

主命数为 5 的孩子

主命数为 5 的孩子好奇心旺盛，很容易感到疲倦。一旦他们对事情失去新鲜感，就会烦躁不安，手都不知道该往哪儿放。他们个性开朗，很受大家欢迎。他们天生就是自由派，最讨厌受约束。父母很难用各种规矩来约束自己的孩子，这样做往往会适得其反，孩子会觉得父母一点都不体谅自己的需求，只想控制自己，非常自私。如果孩子不再信任自己的父母，对他们未来的发展非常不利。

另外一个极端就是对这样的孩子放任自流。不能因为他们不喜欢受约束，就干脆放手不管。不要放手让他们像野草一样疯长，而是要花些时间和他们待在一起，一起做游戏，一起户外运动，等等。要想让这样的孩子爱学习，最好的方法莫过于通过做游戏、猜谜语等智力游戏来激发他们的兴趣。

主命数为 5 的孩子性情不定，很容易变换自己的兴趣。因此他们的父母要懂得时时观察和了解自己孩子的变化和兴趣，这样才能更好地帮助孩子成长。可以和孩子多交流，给他们讲讲自己的小秘密，你会发现他们会像一个朋友那样支持你。反过来孩子也会敞开心扉，像朋友一样和父母交流自己的问题和梦想。

大部分这样的孩子作风都相当独立，成长速度也很快。这都要归功于他们爱冒险的个性和快速学习的能力。不过如果从小就和街头小混混打成一片，他们也会受到很强的负面影响。他们非常聪明，不是死读书的类型，一旦受到别人的挑战就会全力以赴。他们口才出众，很容易说服周围的人，是天生的销售人才和政治家。父母要多注意这样的孩子，花时间训练他们的眼光，教他们懂得什么是荣誉感，也要告诉他们一旦许下承诺就要遵守诺言，此外还要教他们不断进取。

主命数为6的孩子

主命数为6的孩子天性敏感，非常善良，总是想保护自己亲爱的人。他们很容易觉察到周围人的情绪变化，也很容易感觉到自己的父母是不是开心，是不是遇到什么问题。家庭生活很容易影响他们的学习。比如说，如果父母吵架，主命数为6的孩子就会特别紧张，非常沮丧。这样一来，他们在学校就很难集中注意力，学习成绩也会随之下滑，他们也会觉得学习没什么意思，在学校无精打采。

他们天性良善，喜欢关心和保护周围的人。也因为这样的性格特质，他们老是吸引那些有问题的人在自己的身边。孩子的父母要特别注意自己孩子周围的朋友。如果他们的朋友老是惹麻烦，那么主命数为6的孩子往往是那个替别人收拾残局、解决问题的人。这样的孩子往往容易被人利用，被人操纵，父母需要特别注意这一点；而一旦他们意识到自己原来被人利用了，一定会受伤极深。父母也要教会这样的孩子如何掌握和朋友相处的度。对朋友好不是说要替朋友解决所有的问题才叫好，要告诉他们每个人的成长都需要经过一个自我挣扎的过程，就好像小鸡要自己啄破蛋壳才能真正出生，要让朋友自己面对问题，他们才能够成长。要多举例子，让主命数为 6 的孩子慢慢懂得这一点，以及管理自己情绪的方法。

如果想让孩子同意自己的观点，最好不要使用武力或者强迫的方式。因为主命数为 6 的孩子为了取悦父母，会做父母让他们做的一切事情，但是从内心来说，他们可能会对父母产生憎恨。这样不仅影响他们的健康和学习，从长远来说，还会对他们的性格产生不良影响。想要赢得孩子的信任，最好的方式就是赞赏。对孩子做出的努力和帮助要及时给予表扬和感谢。父母要随时指出孩子的优点和天分，时不时地给孩子写张小纸条，夸夸孩子的进步，等等。这样一来，孩子的自信也会慢慢增长，对父母的信任也会逐渐增加。

主命数为 7 的孩子

主命数为 7 的孩子是相当独特的。他们不太合群，喜欢自己一个人待着。我曾经遇到过来咨询的父母，他们为自己孩子的这种情况非常担心，老觉得孩子是不是要得自闭症！通常这样的孩子拥有一个或几个数字 7，所以他们和周围的人不太一样也就不难理解了。遇到这样的情况，父母要仔细观察自己的孩子，有必要的话去寻求专业咨询。不过首先要懂得数字 7 的含义，这样能够清除许多误会。

主命数为 7 的孩子有一种超乎寻常的聪明。他们热爱探索，喜欢问问题，而且经常难倒父母和老师。他们喜欢和别人分享自己的观点和发现，对一个问题打破砂锅问到底。相比同龄人，他们更喜欢和大人待在一起。做事喜欢有自己的步调，看起来似乎比别人慢半拍。他们最讨厌父母颐指气使，给自己安排生活。父母要懂得尊重这种孩子的个性，不要逼迫他们按照你们的方式处理问题。他们对自己觉得重要的事情，通常都会干劲十足，而如果觉得和自己不相关，他们就会拿出一副“别烦我”的架势。遇到紧急事情，父母一定要拿出耐心，好好地和孩子解释，这样他们才会明智地安排自己的时间。

主命数为 7 的孩子情绪多变。一旦吸取了新知识或者新信息，他们就会改变自己的决定。要尊重孩子的空间，不要强迫他们和别人交往，否则只会适得其反。不过如果孩子需要父母的指导和帮助，父母一定要全力支持，不然孩子会产生对父母的反感和憎恶。除此之外，这样的孩子特别注重自己的隐私和个人空间，因此父母要学会尊重这一点。父母要理解孩子，要对孩子耐心，要和孩子讲理，选择合适的时机和孩子交流，这样才能够增进彼此的感情。

虽然主命数为 7 的孩子很有才华，也受到大家的欢迎，但是他们也容易懒惰，这一点会影响到他们的学习成绩和表现。他们不喜欢那些学究枯燥的科目，喜欢的是科学、心理学甚至是数学这些科目。家长要指导孩子全面发展，不要偏科，要让孩子懂得环境和文化对人的影响。不要替孩子解决所有的问题。要训练孩子做家务，训练他们的责任感。要在他们感兴趣有潜能的地方开发他们的才华。

主命数为 8 的孩子

主命数为 8 的孩子天真善良，正直坦率。他们很有礼貌，总是避免伤害到周围的人。他们从小就很有家庭观念，为了别人的感受可以随时调整自己的行为和说话方式。他们有一种取悦别人的本能，所以大人觉得这样的孩子特别讨人喜欢。主命数为 8 的孩子非常独立，天生就是做领导的料，不过他们也不喜欢承担过多的压力。他们虽然相当诚实，不过有时也会撒点无关紧要的小谎。

父母要鼓励这样的孩子说出自己真实的情感。

大多数主命数为8的孩子都会对未来产生困惑。他们很小的时候就会想自己将来要做什么，从事什么职业。他们很小就希望自己成为一个有钱人。如果父母善于观察，就会发现这样的孩子有从商或者创业的潜质。他们正义感很强，喜欢帮助别人，所以很多孩子长大后选择了能够帮助人的职业，比如消防员、律师或者慈善家。父母要懂得用适当的方法培养孩子的兴趣。

主命数为8的孩子常常喜欢隐藏自己的真实情感，父母要懂得慢慢开启他们的心灵，让他们意识到自己真正的情感和需求是什么。压抑过多最后往往会导致崩溃。因为不知道如何释放自己的愤怒和情绪，他们往往会在学校和同学打架,或者变成欺负人的小霸王。对这样的孩子,父母一定不能随意批评和谩骂，因为他们非常敏感，会把父母的话当真。

父母先要取得孩子的信任，然后才能引导孩子，培养他们的才华和正义感。另外也要教导孩子学会面对自己的情感。要让他们学会集中注意力，努力学习，不达目的不罢休。

主命数为9的孩子

主命数为9的孩子与众不同。他们很喜欢帮助别人，非常有激情。他们喜欢取悦父母和祖父母这样的长辈，希望自己能帮助大人们解决问题。他们很聪明，能够想出解决问题的捷径，因此总是能够得到家庭成员的喜爱。千万不要取笑他们的真诚和大人样，不然他们会觉得非常沮丧。表面上也看不出他们在生气，他们貌似接受了家长对自己的批评，私底下则会非常难过，对自己丧失信心，而且也会关上自己的心门。家长要看到9号孩子的努力，也要懂得夸奖他们，让他们知道自己和兄弟姐妹的不同，这样才能够逐渐赢得他们的信任。

大多数的9号孩子都很有活力和梦想。很多父母都担心这样的孩子花太多时间在肤浅的事情上，但他们应该了解的是，9号孩子的艺术才华非常出众。这些孩子很会侍弄花草，也很会做饭。作为家长要懂得鼓励和支持孩子，让他们能够有信心去达成自己的梦想。反过来孩子也会用自己一生的支持和爱来回报父母。

主命数为9的孩子很会学习。他们和老师的关系很好，有时会引起同学的嫉妒。不过如果这样的孩子没有一个幸福的童年，或者爸爸妈妈对他们不负责任，他们就会变成问题少年，受街头混混的影响，喜欢和人打架，而且长大以后也会变得很难控制。

作为家长要教自己的孩子控制情绪，学会耐心。这样的孩子往往分不清楚谁才是自己真正的朋友，往往在年轻时会和错误的人谈恋爱，结果造成的负面影响会持续一生。父母在恋爱这件事情上一定要和孩子多交流，要告诉自己的孩子承诺是一件很严肃的事，不要仅仅因为喜欢对方就冲动地决定一辈子在一起了。9号孩子非常孝顺，往往会接受父母的建议。如果全心全意爱自己的孩子，尊重自己的孩子，父母的付出一定会得到丰盛的回报。9号孩子一定会成为一个有用之材。

第十五章 如何运用生命灵数计算自己的流年

如果文明继续发展，那么在今后两千年，人类思想中压倒一切的新特点就是数学悟性要占统治地位。

——怀特海（A. N. Whitehead），英国数学家

所谓风水轮流转，每个人的运势每九年为一轮，每一年我们都会经历和学习到人生中的一个重要课题。那么下面我们就具体讲解一下什么是流年，流年应该如何计算，以及不同的流年如何影响自己的事业、感情、人际关系、财运以及健康。

生命灵数中计算流年的方法十分简单。不用考虑自己出生的年份，只需要将出生的月、日以及当年年份的各个数字相加即可。

举个例子:

桑德拉·布洛克（美国演员、制片人）出生于1964年7月26日。如果想知道她2010年的流年，那么我们将她的出生月份（7）和她的生日（2+6=8）以及当年年份（2+0+1+0=3）相加，得到18/9。

也就是说桑德拉在2010年的流年是18/9。（在塔罗牌中数字18所代表的牌是“月亮”）。流年9对她来说是一个非常艰难和痛苦的年份，她当时的丈夫杰西·詹姆斯在2010年3月份左右背着她和好几个女人偷情。这一年对她和家人来说整个世界都崩塌了，整年充满了羞耻、混乱以及感情伤害。五年的婚姻换来的是一场欺骗。她于2010年4月向法院提起诉讼，同年6月这场婚姻最终以离婚收场。

桑德拉2011年将会迎来流年1（7+2+6+2+0+1+1=19/1）。流年1是一个新的开始，充满了希望。我们也祝愿她能够在新的一年好好计划自己的感情和未来。

有一点需要着重指出：流年的开始和结尾都是指一个人出生的月份，而不是指自然年度的开始和结束。比如桑德拉（7月出生）的流年1就是从2011年7月开始，到2012年6月结束。而不是从2011年的1月开始，到2011年的12月结束。这种算法是根据我本人的经验得出的，我认为这种算法更具准确性。我从2001年开始为上万人做过生命灵数咨询，一般来说，在生日的前3-6个月，本人就会感受到新流年的影响。流年的影响会持续12个月，也就是从一个生日到下一个生日期间。

流年1

事业：经过了上一年（流年9）的混乱、压力和挣扎，摆脱了种种问题之后，我们迎来了充满希望的流年1。流年1非常适合换工作、换行业或者自己创业。这一年可以说是一个幸运女神光顾的年份，做什么都容易成功。无论在这一年里下了什么决心，做了什么决定，或者采取了什么行动，都会对未来的八年产生直接的影响。因此在流年1里，每个人应当更有闯劲，更有决断力，努力发现新的机会。千万不要随意浪费自己的流年1，因为要想等到下一个如此幸运的年份必须再等八年了。

感情：处在流年 1 的人会更多关注自己的事业而不是感情。不过对于感情来说这一年也是一个全新开始。如果在上一轮九年中一个人经历了过多的变化，那么到了流年 1 还是会受到那些久拖未决的事情的影响。我的一个客户曾经在自己的流年 1 离婚，可能是因为之前的伤痛和久拖未决产生的影响。

财运：这一年财神会出其不意地降临。我曾经遇到过一些客户，或者是客户的家人和朋友，突然在这一年中了彩票或者发了一笔横财。这一年也很容易加薪或者升职。如果换工作，薪水也会提高，职位也会迁升。这一年投资也很顺利，如果手头有余钱，不妨做一些投资，无论做什么都会有些回报。

健康：这一年健康状况会转好。不过也要注意别走极端，好好对待自己的身体。流年 1 很容易影响心脏，所以吃的方面要特别注意，拒绝油腻的食物。这一年可能还是会受到血压、皮肤病以及心肺方面的困扰。不过大多数的人还是比较容易在这一年好转和康复。

流年 2

事业：流年 2 的时候容易对工作产生不安和质疑。上一年是流年 1，非常乐观和积极的年份，但是进入到流年 2 之后就会经历一些困难。很多人会在这一年遇到很难相处的老板、上司、同事或者是相当难打交道和不讲理的客户。这一年必须低调，要用耐心和温和克服遇到的困难，态度要谦虚，言语要温柔恰当，这样反而会取得成功。很多人在这一年很想换工作，有这种想法是很正常的。但是切记不要冲动，找好退路再走不迟。

感情：单身人士在今年会遇到令自己心动的人。这一年很适合单独约会，周围的人也很热心地为你当红娘。要想感情上有所斩获必须下决心。当然也不要盲目冲动，在许下真正的承诺之前还是要和对方多相处一段时间。另外我见过很多人在流年 2 的时候陷入了三角恋。他们困在其中无法脱身，走也不是，留也不是，给自己造成了很多的痛苦和压力。在流年 2 遇到感情上的问题，最好去寻求朋友和家人的帮助。

财运：流年 2 的财运比较平稳，不是特别好，就是比较平常。这一年金钱上不是特别宽裕，因此不适合搞大的投资，也不适合高风险投机。这一年周围的人可能诱惑你去为他人担保或者与人合伙，遇到这种情况要特别小心，要确保自己的立场和目标。这一年在金钱上也要灵活处理，根据自己的收入水平调整支出。

健康：很多人在流年 2 会毫无预兆地病倒。这一年免疫系统功能较弱，因此很容易感冒、发烧，或者感染病毒。即使没有这些问题，人在流年 2 也比较容易疲惫，无精打采，好像流年 1 已经吸走了你的大部分能量似的。在这一年要多补充一些维生素，提高自己的免疫力。有病的时候看医生，应尽量避免病人或者人群集中的地方。孩子在流年 2 很容易做噩梦，也容易忧心忡忡。作为父母要尽量安抚自己的孩子，多增加他们的自信。

流年 3

事业：这一年多多拓展自己的社交网络，多和朋友交流沟通会增强事业运。经过流年 2 的被动和消极，我们迎来了完全不同的一年。如果因为上一年的影响到目前为止还没有换工作的话，现在是一个好的时机拓展自己的视野，看看有哪些选择。流年 3 通常都会给人带来好运，工作上会有升职的机会，也会有出乎意料的惊喜。这一年也是一个忙碌的年份，需要招待很多客人，包括自己的朋友和同事。这一年也会收到很多请柬，受到大家的欢迎。总之所有这些活动都会对事业有很大的帮助。虽然这是一个很不错的年份，但是如果想创业的话还是先算算自己兜里有多少钱，能不能承担创业的风险。

感情：很多人都会在这一年结婚、生子或者有浪漫的邂逅。因为这一年是一个交际年，会参加很多派对和活动，因此也会遇到很多不同类型的人。如果是单身的话可要留意了，在朋友中说不定就会发现自己的另一半哦。热恋中的人可能会在今年认真讨论婚礼的计划，或者打算和另一半一起买一个大房子；已婚的人则可能想着要生一个宝宝，为家庭带来更多的生机和欢笑。不过要注意的是，流年 3 也可能会电闪雷鸣。很多夫妇在流年 3 会大加争吵，所以也要看对方是流年几！在流年 3 最重要的就是沟通，沟通，不断地沟通。

财运：这一年要注意控制开销，加强预算。否则很容易大笔花钱，购买心仪已久的奢侈品，奖赏自己来个豪华假日游，或者冲动置产，等等。不过很多人在流年 3 也会收到出乎意料的礼物，会加薪或者中彩票。不管怎么说，在流年 3 还是要注意自己的开销，或者找人管好自己的开销。

健康：很多人的体重容易在流年 3 增加。有可能是因为参加了太多的社交活动，比如别人的婚礼，也有可能是因为自己懒惰缺乏锻炼。在这一年需要注意的健康问题有胆固醇增加、心脏病、脚肿、肚胀、呼吸困难以及皮肤病问题恶化等。建议在今年多参加集体锻炼，比如跳舞、跳操等，或者多骑自行车，参加排毒课程等。不要做过于激烈的锻炼，这对有些人来说可能不是很合适。另外应少吃碳水化合物，多喝水，和朋友一起锻炼容易坚持得久一些。

流年 4

事业：经过了前三年的积累，流年 4 是事业上宏图大展的一年。这一年的项目、工作、责任等都比之前要多，所以也会相当忙碌。另外，这一年别人对你的期待也很高，因此会感到有些力不从心。此外这一年的心情也会起伏不定。觉得自己陷在工作中无法脱身，很容易发火，很容易厌倦。很多人在这一年会产生极度厌倦的情绪，干脆撒手不干了。如果有这样的想法的话，最好查一下自己的银行账户，是不是有足够的资金支持这样的冲动。我常常建议我的客户在放弃自己现有的工作之前（当然每个人的情况不一样），最好确保自己手头有三到六个月的资金可以随时变现，否则还是要三思而后行。此外，这一年的判断会相当稳健而实际，因此也适合自己创业。

感情：由于流年 4 在工作方面会相当忙碌无法脱身，所以很多人不太会照顾到家人和感情。这一年可能会因为对感情的忽视而遭到伴侣和家人的埋怨。这一年很难在感情和事业上取得平衡，健康状况也不容乐观。单身人士不太容易在这一年遇到自己心目中的伴侣，主要是因为他们都忙于工作，根本没有时间恋爱。即使是休息，大多数时间也是窝在家里，所以即使有艳遇，也只可能是网恋了。有伴侣或者结婚的人士应该在今年抽出时间安排一次和另一半的短途旅行，或者和心爱的人来一场特别的约会，一起做做按摩、SPA 之类，也容易舒缓身心，增进感情。

财运：流年 4 的财运比较平稳。很多人会在今年搬家、换办公室或者置产等。另外今年对待金钱也会相当谨慎，甚至有一点抠门。很多人会一分钱掰成两半花，没有什么闲钱买多余的东西。今年适合读一些财务管理或者自我提升的书籍，来增强自己对于理财的自信。

健康：流年 4 对于健康来说不是一个很好的年份。很多人陷在工作之中无法脱身，长时间的工作和压力会对健康造成相当不利的影响。这一年可能会遭遇脱发以及皮肤病的困扰，而持久的精神压力也会引起其他方面的健康问题，如失眠、颈椎病、肩膀疼痛等。为了改善自己的健康，今年应该多参加一些体育运动，如打羽毛球、踢球或者慢跑等，这样可以舒缓压力。

流年 5

事业：虽然这一年机遇很多，但是同时会面临大起大落和突然的变化。许多人会发现自己的老板突然换了，或者办公室在大加翻新。今年容易觉得烦躁不安，也会特别想尝试新的东西，对于现有的秩序和日常工作也会觉得枯燥无趣。不过今年并不是特别糟糕的年份，比如你会突然有升职或者转岗的机会（可能是因为同事突然辞职的缘故）。无论今年发生什么，机遇来临时一定要抓住。虽然今年的变动十分剧烈，出现的机会也很多，但是不要过于冲动，选择的时候一定要三思而后行，慢慢来，明确自己到底需要什么。如果今年不想换工作，那么去参加一些自我提升的课程，或者学习一些新的技能，或者参加一次短途旅行等都是不错的选择。

感情：由于今年整个人的状态比较烦躁不安，遇到的变化也很多，因此感情上容易出现问题。我个人通常将流年 5 定义为“桃花年”。如果是单身的朋友，今年会认识很多人，自己也相当受人注目，桃花运很强。不过今年玩乐的心情也很盛，可能会和很多人打情骂俏，不是特别认真。所以还是多多观察，看看彼此是否适合。如果是已婚人士，今年则会遇到很多诱惑。如果和另一半的感情不是很融洽，那么今年很容易就会爱上别人。很多人在今年会突然有想结婚的念头，而且闪婚的也不在少数！无论如何，今年要注意自己的步调，最好把事情都能安排得井井有条。

财运：今年会有赌博和投机的冲动。今年的财运会比较起伏，因此会让人感到相当不稳定，最好能有一个明智的财务计划，好好管理自己的金钱。今年还会有些偏财运，不过这些钱都是过路财，也不太可能存得下来，花的时候要谨慎，投在适合投资的地方。今年也特别容易花钱，出门旅游啊，参加培训啊，出去玩乐啊，等等。总之今年在理财方面一定要注意"控制"两个字，这样才能为下一年做好准备。

健康：流年 5 在健康上的关键词就是"节制"。这一年不要纵欲过度，也不要彻夜狂欢。除此之外还要远离酒精、毒品。这一年要好好控制自己，修养自己的身心灵，尤其要注意肺、肝、肠道以及胰腺方面可能出现的问题。

流年 6

事业：这一年一定要注意"服务"两个字。无论做什么工作，做什么行业，都要注意和老板、同事、客户、合作伙伴等搞好关系。如果关系理顺了，做什么都会得心应手。另外，今年也可能会经历一些内部改革，比如说有可能转岗或者换部门，不过最终还是会安定下来。很多人在流年 6 很有可能成为培训师，也有可能带新人（当然要视岗位而定）。不过今年需要注意自己的工作，要提升工作的质量，注意为大家服务。这一年要和自己的上司好好沟通，多花时间和客户交流，这样会对事业有很大的帮助。将来的事业发展取决于和周围的人相处的情况和质量。

感情：今年对感情来说是一个很顺利的年份。不过由于上一年流年 5 经历了太多的变化，对于很多人来说影响也会持续到流年 6。不过这一年的关键词仍然是“恢复和治愈”。这一年很适合朋友聚会，家人团聚，思索下一步该如何走。受伤的人在这一年也会得到恢复，并得到朋友和家人的关心。这一年需要放松，很多人会将注意力转移到自己的家庭和孩子上。这一年他乡遇故知的几率也很大，很多人会旧友重逢，遇到之前的同事，甚至和旧爱重燃爱火，等等。很多人会在今年怀孕生子，或者订婚结婚。这一年也会好好装修和布置自己的小窝，让家庭的温馨感染到其中的每一个人。

财运：这一年的收入会有相当大的提升，也会有偏财运。许多人会继承家产或者获得相爱的人的帮助。如果有足够的存款，今年也适合买卖房产，无论是商铺还是居民住宅都可以。今年也会给家人花钱，为父母、孩子、伴侣等买礼物或者举办聚会等，还有可能全家出游。此外，今年也会热衷慈善事业，为学校捐款或者为受苦的人捐物等。

健康：今年需要注意情绪和情感上的问题。很多人在流年 6 很容易烦恼，也特别容易杞人忧天，为了鸡毛蒜皮的事情担心，如果是女性的话就更加如此了，很容易像老母鸡保护小鸡仔一样唧唧喳喳唠唠叨叨。今年需要放松自己的身心，和家人一起度过宝贵的时光，一起做 SPA、理发、个人护理或者一起去游泳，等等。今年需要注意肺充血、便秘以及尿道上的问题，另外要注意休息，因为今年也很容易感冒。

流年 7

事业：经过多年的观察，我发现许多人在流年 7 会出现一些固定的模式。进入流年 7 之后，先是觉得有些失落，不知道自己的人生和事业应该往哪个方向发展；然后就想做一些什么有意义的事情，让自己有些成就感。不过如果真想做什么，又会觉得风险太大了；但要是不做，又觉得生活没什么意思，颇感失落。流年7对人的想法和思维是一个相当大的挑战。在这一年需要明白自己究竟适合做什么，自己的激情和梦想究竟在哪里。很多人会感受到工作上的压力，也会遭遇到办公室政治，容易遭到同事或者老板的误解。许多人也会在流年7出差，尤其是到国外出差的机会。这一年的努力工作并不会带来丰厚的利润回报。如果感到压力很大，找找心理咨询师也是不错的选择，或者参加一些非主流的自我提高课程，也能够帮助自己改善身心。

感情：这一年，过去的情感会再次对当事人造成困扰。秘密或者丑闻可能会泄露，和同事的关系以及友谊也会遭受挑战。今年会对周围的人很失望，也容易遭到别人的伤害和背叛。今年的感情充满了冲突和矛盾。曾经有客户来找我咨询，说不知为何他们的伴侣突然变得奇奇怪怪的，对自己相当冷淡，这种情况往往会发现那个人正好处在流年7。这一年因为学习或者工作上的原因，双方会比以前疏远，甚至会感觉原来那个相爱的人消失不见了。单身人士如果遇到中意的对象，需要好好检查一下对方的背景，因为事情往往不像对方说的那样，容易上当受骗。对首次合作的商业伙伴的态度也要谨慎，否则会比较容易掉入陷阱。曾经有客户来找我咨询，当时他们正身处流年7，收到了网聊对象的求婚，但是对方声称因为一些难言之隐，需要他们汇钱给自己，这样才能凑够旅费来看他们。遇到这样的情况我就会提醒客户对方可能根本就没有想结婚的意思，只是想骗钱，一定要小心，在做出结婚的重大决定之前一定要好好调查对方的背景。一般来说我都会建议他们等到流年8的时候再做决定不迟。

财运：流年7容易遭遇到官司、诉讼还有债务问题。这一年需要拿出耐心和乐观主义的精神来面对可能的纠纷。在做任何投资之前都要仔细分析。借钱给别人的时候要三思，一旦借出也要做好这笔钱可能永远也回不来了的准备。这一年对待金钱要谨慎，生活上要简单，保持一种稳定的步调，这样才能平安度过流年。一定要少冒险。

健康：许多客户告诉我他们在流年 7 会感到压力很大，常常会感到抑郁，就想一个人待着，谁也别烦自己。很多人会在今年染上喝酒的习惯，也会和不好的人交朋友。也有很多人选择抛弃一切云游去了。曾经有客户告诉我，他们在流年 7 有自杀的想法。健康方面，容易得传染病，也容易消化不良。其他需要注意的疾病是关节炎、痛风、生殖疾病以及抑郁症。这一年最好多吃维他命 D 和 E，多喝果汁，避免抽烟、喝酒还有自行用药。这一年最好能够亲近自然，多听舒缓的音乐，还有多进行一些冥想。

流年 8

事业：流年 8 是紧张忙碌的一年。这一年会重拾信心，忙得都没有时间去质疑自己的能力了。这一年的责任和义务都很重，回报也很大。这一年手头会有一些很难处理的问题，不过最后都顺利解决了。如果在今年找工作，那么录取的机会是相当大的。在银行业、金融业、钢铁行业、法律行业工作的人都会取得相当大的成功。这一年的工作运是很不错的。不过这一年也会容易疲惫，有时无法找出时间和家人爱人聚在一起。这一年还适合创业，必须要依靠自己的能力和资源。这一年压力很大，因此要好好照顾自己的身体。总之这一年的回报很大，也比较平稳。

感情：这一年和流年 4 的情况类似，需要在家庭、工作和感情上取得一个很好的平衡。不过说起来容易做起来难，往往都会事倍功半。家人、朋友还有伴侣都会埋怨给他们的时间太少，基本上都在工作，要不就是在出差，根本拿不出什么时间陪伴他们。这一年还容易与人发生误解，不过最后都会消除。单身人士今年容易产生办公室恋情，也会在一些圈子活动如品酒会、高尔夫球会上邂逅有趣的人。总之今年要想在感情上取得成功，必须好好地平衡健康、金钱、工作以及感情之间的关系。

财运：如果在过去的两到三年做了充足的准备，那就预备好在今年收获吧。今年的财运不错，如果以前一直在跟别人打官司，那么今年则有可能打赢；如果想找银行贷款，也有可能贷上。话虽如此，不要忘记下一年就是流年 9，所以还是不要太过超出预算、冲动花钱的好。今年如果创业或者投资，也会取得不错的成绩。这一年要靠自己，最好读一些金钱管理方面的书籍和课程。

健康：今年一年都很活跃，也很忙碌，健康方面不是特别理想。今年容易累坏自己，原因是出差太多。要避免焦虑、压力，也不要过于兴奋。吃东西的时候要节制，保证充足的睡眠。很多人容易在流年 8 肩膀疼、扭伤关节或者极度疲惫，另外也容易腰椎突出、脱水或者食物中毒。这一年最好能打打羽毛球、网球或者乒乓球，最好做一些呼吸练习。

流年 9

事业：我会警告处在流年 9 的客户，要他们在工作上面多加小心，保持敏感性，调整心态，因为这一年事业上会面临很大的变动，也会经历很多的困难。很多人听我这么说都持怀疑态度，他们觉得自己的流年 9 挑战不会那么大。事实上很多人回过头来找我，都告诉我他们经历了“无法承受”、“令人沮丧”、“非常可怕”的一年。我还清楚地记得有这么一个客户，当时大概 40 岁出头，我警告她要在工作方面特别小心。她接受了我的建议，开始给几家公司投简历以防万一。结果在进入流年 9 后的两个月她就被解雇了！原来她之前的竞争对手升职了，升职后的第一件事就是把她从公司里赶出去。她感到既愤怒又难过，觉得自己被人从背后捅了一刀。不过她离职两个月后，以前发简历的一个政府单位打电话通知她面试，结果她被顺利录取了！这个职位不仅报酬比原来高，位置也比原来重要。虽然工作相当繁重而且压力也很大，她却大大松了一口气，因为她未雨绸缪，在思想上和实际行动上都做好了准备。

我个人将流年 9 定义为“风暴年”。这一年的混乱和变化会横扫每一个人，如狂风卷落叶一般，无人幸免。不过如果事先做了准备，往往能够幸免。其实流年 9 意味着挑战，要不就扔掉现有的生活方式接受改变，要不就静静等待风暴过境。很多客户告诉我他们在流年 9 很难找到工作，要不就是当时面试情况很好，结果招聘单位突然改了主意。

我建议在今年保持乐观的态度，要不断地尝试。一旦发出简历或者参加了面试，就不要老是去琢磨，“尽人事听天命”。抱着这样的态度反而会有意外的收获，最后的结果往往会让人吃惊，流年 9 也有可能是一个不错的年份。我有客户曾经在流年 9 升职和创业。当然不管是好是坏，在结果出现之前都会付出大量的心血和劳动。无论是什么变化，都要乐观积极地面对。暴风雨之后才是彩虹，流年 9 之后就是流年 1，人生会在流年 1 开启一个新的旅程。

感情：流年 9 在感情方面也会遇到很大的挑战。很多人在这一年遭遇分手、离婚、被甩。关系破裂之后他们会陷入长时间的悲痛无法站起来。遇到这种情况，一定要乐观面对，要学会放手，顺其自然。我建议在这种情况之下不要看韩剧和悲伤的电影，也不要听悲伤的音乐，要远离带给自己负面能量的人群，不要总是待在家里暴饮暴食。

突然的变化会让人变得烦躁易怒，甚至彻底摧毁一个人。很多人在今年会频繁和伴侣、家人吵架。不过流年 9 也会迫使一个人从一段持续很长时间的并不健康的关系中彻底走出来。这一年警钟频频，不过我的很多客户因为事先了解了这一点，提前做了许多思想和情感上的准备，最终还是及时挽救了自己的感情和婚姻。很多人因为来找我咨询，了解了自身生命灵数的密码，获得了指导和帮助，因此可以更积极地面对人生。在处理和伴侣、家人的问题时也会更容易解决。

单身人士今年也容易惹上桃花。有的时候是认识了很久的一个朋友突然向自己表白，有的时候是好像不知道从哪里突然冒出来的同事，等等。我也见过在流年 9 结婚和怀孕的客户。流年 9 的关键词就是变化和更迭，这不代表所有的变化都是负面的。

财运：如果是做生意，今年还是能够赚钱，不过要特别小心，这一年的财运起伏很大，很多人都措手不及。不要在流年 9 赌博、投机或者投资。不要超出自己的预算。如果上一年赚了很多钱，这一年就特别容易有冲动拓展业务、装修公司，或者有一些完全没有必要的花费。

如果手头有余钱，我的建议是买下现有的办公室或者资产，要不就把钱先放一放，等到流年 1 的时候再进行投资不迟。有的时候家人或者亲戚突然生病，也会用到大笔的金钱。不管怎么说，这一年还是要多储备，买份保险以防万一，这对自己身边的人都有益。不要赌博，保持低调，虽然这一年没有什么大的偏财，但是一些小财还是可以期待的。

健康：这一年很容易出事故受伤，比如说割伤、烧伤、撞伤、扭脚或者跌跤。可能是人在流年 9 容易冲动，没有耐性，一点都不小心。这一年做外科手术是很常见的。另外需要注意的健康问题是偏头痛、嗓子疼、扁桃体炎、中风、口臭、高烧、胃痛、皮肤病等。这一年要多注意灵修和静养，多休息、多玩游戏，不要冒险。多参加一些慈善活动，对生活和生命要充满感恩。另外，唱歌、画画、泡澡等都可以放松神经。如果能够保持一种乐观积极的态度，那么就可以顺利度过阴沉的流年 9。